U0338114

国家自然科学基金青年基金项目(51904102)资助
湖南省教育厅资助科研项目(21C0353)资助

沿空留巷煤帮采动破坏机理及承载结构注浆重构技术

于宪阳　吴　海　张海韦　著

中国矿业大学出版社
· 徐州 ·

内 容 提 要

煤帮与支护结构的承载性能是沿空留巷围岩稳定性的关键所在。本书分析了沿空留巷煤帮破坏特征与支护结构失效机制，研究了破裂煤体注浆固结承载性能及其变形、再破坏特征，在分析煤帮裂隙演化及随机张开度裂隙中浆液渗流规律的基础上，采用沿空巷道围岩稳定性动态模拟方法优化煤帮注浆时机，提出了沿空留巷采动破碎煤帮重构关键技术。

本书可作为采矿工程专业相关科技工作者、研究生和本科生的参考用书。

图书在版编目(CIP)数据

沿空留巷煤帮采动破坏机理及承载结构注浆重构技术/于宪阳，吴海，张海韦著. — 徐州：中国矿业大学出版社，2022.9

ISBN 978-7-5646-5554-9

Ⅰ. ①沿… Ⅱ. ①于… ②吴… ③张… Ⅲ. ①无煤柱开采②注浆加固 Ⅳ. ①TD823.4②TD265.4

中国版本图书馆 CIP 数据核字(2022)第 173745 号

书　　名 沿空留巷煤帮采动破坏机理及承载结构注浆重构技术
著　　者 于宪阳　吴　海　张海韦
责任编辑 马晓彦
出版发行 中国矿业大学出版社有限责任公司
(江苏省徐州市解放南路　邮编 221008)
营销热线 (0516)83884103　83885105
出版服务 (0516)83995789　83884920
网　　址 http://www.cumtp.com　**E-mail**:cumtpvip@cumtp.com
印　　刷 徐州中矿大印发科技有限公司
开　　本 787 mm×960 mm　1/16　**印张** 8.25　**字数** 158 千字
版次印次 2022 年 11 月第 1 版　2022 年 11 月第 1 次印刷
定　　价 32.00 元

前　　言

无煤柱沿空留巷技术正在我国得到广泛的应用，在浅部、简单地质条件下的沿空留巷技术已经趋于成熟，但在深部强采动应力环境下，沿空留巷巷道断面空间维护方面仍面临严峻挑战。大量的现场实践证明，深井沿空留巷煤帮侧位移占两帮移近量的绝大部分。巷道帮部松散破碎围岩是整个巷道承载性能最薄弱的部位，甚至影响巷道围岩的稳定性。保持沿空留巷煤帮的稳定，对沿空留巷围岩的整体稳定并实现无煤柱连续卸压开采具有重大意义。

本书采用理论分析、实验室测试、数值模拟、工业性试验等多种手段分析了沿空留巷煤帮破坏特征与支护结构失效机制，研究了破裂煤体注浆固结承载性能及其变形、再破坏特征，在分析煤帮裂隙演化及随机张开度裂隙中浆液渗流规律的基础上，采用沿空巷道围岩稳定性动态模拟方法优化煤帮注浆时机，提出了沿空留巷采动破碎煤帮重构关键技术。

全书共分六章：第 1 章介绍了深部条件下沿空留巷在长时间采动应力的作用下经常发生煤帮大变形的工程问题。综述了煤帮破坏机理及其对巷道围岩稳定性影响、沿空巷道围岩稳定性及控制、注浆加固理论与技术等与本书研究主题相关的研究方向，指出本书所要研究的主要内容。第 2 章主要研究沿空留巷围岩，尤其是煤帮侧的采动破坏机理及支护结构弱化失效机制。第 3 章通过试验测试，为巷道注浆加固选择合适的材料及水灰比提供依据；进行基于水泥基及高分子化学注浆材料的破裂煤样注浆固结体承载性能试验，并分析其力学强度、受力变形及再破坏特征、规律。第 4 章研究巷道帮部围岩裂隙时空演化规律、模拟随机宽度单裂隙中浆液扩散范围，并对沿空留巷帮部注浆时机进行数值模拟。第 5 章提出了沿空留巷煤帮稳定性控制技术原则及采动破碎煤帮重构关键技术。第6章将前文研究成果应用于工业性试验并取得成功。

本书的出版得到了国家自然科学基金青年基金项目(51904102)、湖南省教育厅资助科研项目(21C0353)的资助，在此表示感谢。

受作者水平所限，书中难免有不妥之处，敬请各位读者批评指正。

作　者

2022年7月

目　录

第1章　绪　　论

1.1　研究背景及意义

煤炭是我国的基础能源，在一次能源结构中占据主导地位[1-2]。我国煤炭产能正逐年提高，已经构建了稳定的煤炭生产和供应保障体系，并成为全球最大的煤炭生产国。2020年煤炭产量为39亿t，占世界总产量的51.5%。同时，我国也是全球最大的煤炭消费国，2020年全国煤炭消费28.3亿t，占世界煤炭消费量的54.3%[3]。国家《能源中长期发展规划纲要(2004—2020年)》中提出要大力调整和优化能源结构，但是仍坚持以"煤炭为主体、电力为中心、油气和新能源全面发展"的能源战略[2]，煤炭在我国一次能源消费中所占比例超过50%的现状将长期存在。因此，煤炭安全高效生产事关国家经济发展的根基，煤炭作为我国主导能源的现状在相当长一段时期内难以改变。为满足国民经济的高速增长的要求，今后许多年煤炭必须保持安全高效开采。近年来原煤产量及煤炭消费占能源消费比例如图1-1所示。

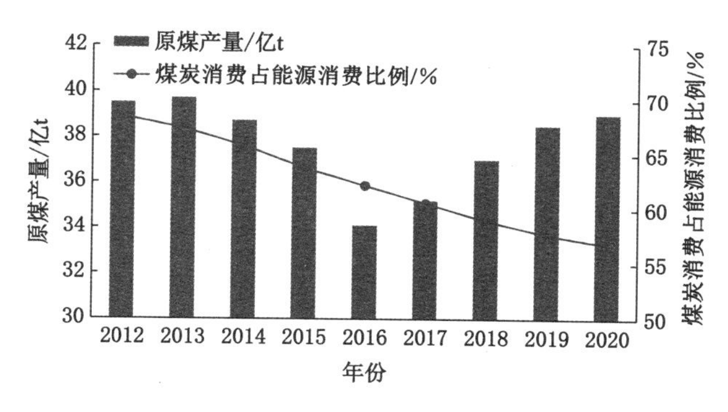

图1-1　近年来原煤产量及煤炭消费占能源消费比例[4]

与我国煤炭产量长期增长相对应的是目前我国煤炭资源回采率低，损失浪费严重，仅以2000—2010年为例，我国煤炭累计产量为234.4亿t，按30%～

40%的回采率计算，这 11 年间，我国浪费了 311 亿～505 亿 t 不可再生的原煤资源[5]。在相当长的一段时期，煤矿一直以留设较宽的护巷煤柱来维持回采巷道及工作面的稳定性，区段煤柱的煤炭不必要损失量已居矿井煤炭生产总损失量的首位[6]。传统的留设宽煤柱护巷方法，不仅不利于回采巷道的维护，而且有时还会在煤柱区域造成应力集中，促使煤柱下方回采巷道的维护难度增加，严重时甚至导致冲击地压、煤与瓦斯突出等灾害事故。

煤炭产量大幅增长的同时也伴随着国内矿井采深的快速增加。20 世纪 50 年代，我国的立井深度平均不到 200 m，而 90 年代平均深度已达 600 m，相当于平均每年以 8～12 m 的速度向深部下延，东部矿井的向下延深速度更快，平均每年达 10～25 m[7-8]。截至 2020 年，我国东部矿区最大开采深度达 1 501 m[9]。由于开采深度的不断增大，煤炭开发所处的地质力学环境也在不断恶化，深部开采普遍具有“五高两扰动”环境，即深部开采难以避免高地应力、高瓦斯、高地温、高冲击、高渗透压、开采扰动以及掘巷对其周围采掘巷道围岩的扰动[10]。截至 2020 年，我国千米深井统计如表 1-1 所列。

表 1-1　至 2020 年我国千米深井统计[10]

省份	数量/处	比例/%
黑龙江省	2	3.6
吉林省	4	7.3
辽宁省	1	1.8
山东省	27	49.1
河北省	5	9.1
江苏省	2	3.6
安徽省	7	12.7
河南省	6	10.9
江西省	1	1.8
合计	55	100.00

沿空留巷是煤矿开采技术的一项重大改革，作为一种无煤柱护巷技术，此技术不仅可极大地缓解采掘衔接紧张问题，而且还是合理开发现有煤炭资源、提高煤炭资源采出率、治理工作面瓦斯难题、减少巷道掘进量、改善矿井技术经济效益的一项重大护巷技术，同时还能实现前进式和往复式开采，其技术优势和经济效益显著。

(1) 无煤柱沿空留巷能够显著提高煤炭采出率、降低巷道掘进率、缓解采掘接替矛盾。回采巷道复用节约了区段煤柱，可提高采区采出率10%以上。若采用无煤柱开采技术，每沿空掘巷或沿空留巷1 m，多回收的煤炭量分别为33.1 t和16.1 t[11]。

(2) 巷道复用能够显著降低巷道掘进率，缓解采掘接替矛盾。在满足矿井安全生产的前提下，降低巷道掘进率是保证矿井采掘平衡的重要途径，也是降低煤炭生产成本、提高矿井经济效益的重要手段[12-13]。

(3) 通过沿空留巷实现回采巷道复用，从而达到无煤柱连续卸压开采的目的，消除了由于煤柱上、下区域应力集中而产生的冲击地压等动力灾害，可对上、下邻近煤层进行充分卸压，提高煤层的透气性，在煤层群条件下有利于上、下邻近煤层的瓦斯涌出，从而消除煤岩动力灾害[14-15]。

无煤柱沿空留巷技术正在我国得到广泛的应用；无煤柱沿空留巷围岩控制技术已成为本领域研究热点之一。目前浅部、简单地质条件下的沿空留巷技术已经趋于成熟，但在深部强采动应力环境下沿空留巷巷道断面空间维护方面仍面临严峻挑战。现代采矿技术提倡延长工作面走向长度，沿空留巷长度往往达到2 000～3 000 m。在巷道上方侧向顶板围岩长期的采动应力影响下，巷道围岩内原生的围岩弱面进一步扩展，同时产生新的裂隙，围岩膨胀、松动、破碎、变形量大、来压强烈、流变时间长。在这一过程中，巷道帮部松散破碎围岩是整个巷道承载性能最薄弱的部位，经常发生大范围的松散破碎，甚至影响巷道围岩的稳定性。大量的现场实践证明，深井沿空留巷煤帮侧位移占两帮移近量的绝大部分。保持沿空留巷煤帮的稳定，对沿空留巷围岩的整体稳定并实现无煤柱连续卸压开采具有重大意义。

1.2 国内外研究现状

沿空留巷需要承受掘进和两次甚至多次强烈的采动产生的叠加应力影响，巷道服务时间长，矿压显现强烈，围岩累计变形量大，对巷内支护提出了更高要求。目前，关于沿空留巷的研究工作主要集中在对留巷前期及工作面附近巷道稳定性控制和矿压显现规律分析方面。随着开采深度的增加，巷道原岩应力逐步升高，沿空留巷经常在长时间采动应力的作用下发生煤帮大变形及强烈底鼓。

1.2.1 煤帮破坏机理及其对巷道围岩稳定性影响

侯朝炯等[16]以松散介质应力平衡理论为基础，结合应力微分平衡方程求出了煤层界面应力以及煤体的应力极限平衡区宽度。高玮[17]考虑煤体的塑性软化性质，通过极限平衡法分析了煤层倾角对煤柱稳定性的影响。李树清等[18]将锚杆和注浆加固范围内的煤体作为支护结构区，应用弹塑性极限平衡理论推导了煤帮塑性区宽度及应力的计算公式。于远洋等[19]基于支承压力作用下回采巷道两帮煤体的力学模型，建立了极限平衡区宽度新的理论计算公式。郑桂荣等[20]通过对煤巷两帮煤体受力特点的分析研究，从理论上导出煤体破裂区厚度的计算公式，分析了各相关因素对煤体破裂区厚度的影响。张华磊等[21]采用断裂损伤理论、弹塑性理论建立了巷帮围岩层裂板结构力学模型，分析了霍州煤电辛置煤矿回采巷道帮部围岩失稳机制。王卫军等[22]应用损伤理论分析了给定变形下沿空掘巷实体煤帮的支承压力分布，并探讨了支承压力分布与煤岩厚度、弹性模量等参数的关系。刘少伟等[23]用毕肖普条分法建立了上帮煤体失稳滑移力学模型，推导出上帮煤体稳定安全系数计算公式。张国华[24]通过力学分析，分别得出了Ⅱ-1 型不稳定单一围岩和Ⅱ-2 型不稳定组合围岩巷帮锚杆间距的理论计算方法。朱德仁等[25]通过相似材料模拟试验研究，分析了不同支护条件下巷道煤帮的变形破坏特征，以及水平应力对巷道煤帮变形破坏的影响。勾攀峰等[26]把深井巷道两帮锚固体失稳分为压裂失稳和剪切失稳，两帮锚固体首先失稳形态为压裂失稳，建立了巷道两帮锚固体两种失稳条件下的稳定性力学模型。

侯朝炯等[27]对控制巷道底鼓的基本原理进行了研究，提出了加固巷道软弱围岩帮、角控制底鼓的方法。王卫军等[28]通过数值计算模拟了两帮煤体强度对底鼓的影响，提出了加固两帮控制深井巷道底鼓的构想。李树清等[29]通过数值计算研究了底板支护和注浆加固底板后深部软岩巷道两帮围岩的稳定性。单仁亮等[30]通过建立煤巷力学模型、分析支护力与莫尔圆的关系、研究帮部极限平衡区宽度及巷道耗能机制，提出了强帮护顶概念。何重伦[31]认为深井“三软”煤层巷道围岩是由顶板、底板、两帮组成的复合结构体，两帮和顶板稳定性对底鼓有较大影响。马念杰等[32]阐述了煤巷煤帮锚杆支护机理，认为加强两帮支护对顶板稳定起到了重要作用。

1.2.2 沿空巷道围岩稳定性及控制研究

从 20 世纪 70 年代起我国就开始采用无煤柱护巷技术[33]，包括沿空掘巷与沿空留巷两种方式。多年来科研人员通过理论研究、现场实测和实验室测试，在沿空留巷的矿压显现规律、稳定性与失稳破坏机理及支护技术方面取得了大量的研究成果。

1.2.2.1 沿空巷道围岩稳定性研究

康红普等[34]采用 FLAC3D 软件计算分析了掘进工作面周围应力、位移及破坏区分布特征与变化规律，巷道轴线与最大水平主应力方向的夹角对围岩应力、位移及破坏的影响;研究了掘进工作面附近锚杆支护应力场的分布特征,及对空顶范围顶板的控制作用。李化敏[35]分析了沿空留巷顶板岩层运动的过程及其变形特征,明确了顶板岩层运动各阶段巷旁充填体的作用,根据充填体与顶板相互作用原理,确定了各阶段沿空留巷巷旁充填体支护阻力的控制设计原则,并建立了相应的支护阻力及合理压缩量数学模型。侯圣权等[36]为分析沿空双巷围岩失稳破坏特征,采用大型物理模拟试验系统,结合数字照相分析技术,分别研究了沿空双巷无支护情况下围岩破坏演化全过程、围岩变形规律以及巷道围岩破裂形式。张国华[37]从巷旁支护与煤体之间的匹配、超前支护在巷内的均布程度、超前支护与上位岩层对下位岩层之间的“顶-压”作用,以及不同时期不同方向上的反复扰动四个方面,论述了锚杆支护条件下超前主动支护沿空留巷顶板破碎原因。朱川曲等[38]讨论了综放沿空掘巷围岩的稳定性,构造了综放沿空掘巷围岩稳定性影响因素的隶属函数,建立了灰色-模糊分类模型。华心祝等[39]从如何提高岩层的自我承载能力入手,提出了一种主动的巷旁加强支护方式——巷旁采用锚索加强支护,巷内采用锚杆支护;建立了考虑巷帮煤体承载作用和巷旁锚索加强作用的沿空留巷力学模型,并分析了巷内锚杆支护和巷旁锚索加强支护的作用机理。

1.2.2.2　沿空巷道围岩控制技术

张农等[40]提出留巷扩刷修复结构临近失稳的概念,确定留巷扩刷修复的合理时机,制定留巷扩刷修复巷道的主、被动协同支护方案。李迎富[41]提出了二次沿空留巷技术,根据二次沿空留巷上覆岩层的活动规律,建立了工作面端头关键块的力学模型,分析了关键块与二次沿空留巷围岩的相互作用机理,引入了关键块的稳定性系数,确定了关键块的稳定判据,并推导出巷旁支护阻力计算式。华心祝等[42]认为孤岛工作面沿空掘巷矿压显现剧烈,支护难度大,并以淮南潘三矿1251(3)孤岛工作面回风巷为工程背景,推导出受动压影响时巷道顶板下沉量的计算公式。江贝等[43]利用非连续变形分析方法(DDARF)对单节理锚固试件在单轴压缩条件下的变形破坏及裂隙扩展过程进行分析,并对沿空巷道围岩的变形破坏及控制机制进行研究。曹树刚等[44]利用有限差分法对四川省南部某煤矿的近距离“三软”薄煤层群回采巷道的破坏原因进行了数值模拟分析。屠世浩等[45]提出了在保证工作面顺序接替条件下的煤柱护巷与沿空掘巷相结合的回采巷道布置方案。李磊等[46]揭示了复合顶板沿空巷道围岩变形破坏机理,研究了合理的围岩控制技术。贾宝山等[47]根据凤凰山煤矿现场实际,分析了以往巷道支护破坏原因,结合卸压和支护的维护原则,阐述围岩蠕变卸压支护方式的原理及卸压支护参数的确定方法。王卫军等[48]应用数值模拟方法对沿空巷道围岩的应力分布和底鼓过程进行了分析,认为沿空巷道靠近采空区的底板中无水平应力的影响，底板岩层在实体煤帮高应力的作用下向巷道内和采空区运动形成底鼓，而窄煤柱在底鼓过程中起到了抑制作用。

1.2.3 注浆加固理论与技术

注浆加固改善破碎围岩结构及其性能、提高巷道围岩承载能力，是利用和开发围岩自身承载能力的一条有效技术途径，有效改善破碎围岩维护状况，同时为锚杆(索)支护发挥效果提供前提条件。注浆技术在工程领域中获得了广泛的应用和认可，学者们在浆液扩散规律、注浆材料、固结体力学特性方面展开了大量研究[49]。注浆加固方法分类如图 1-2 所示。

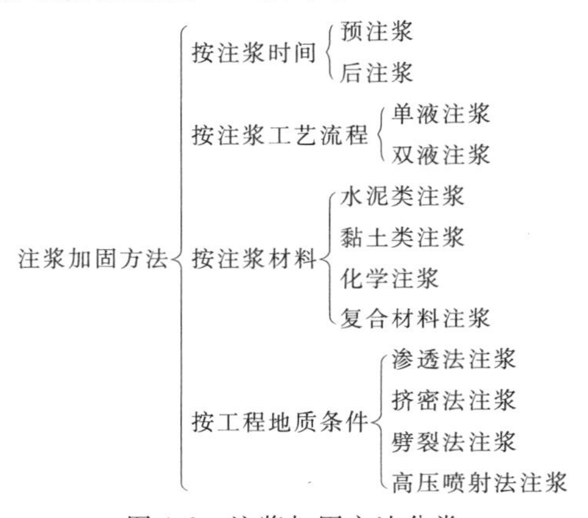

图 1-2 注浆加固方法分类

1.2.3.1 浆液流动扩散规律

(1) 煤岩体中单一裂隙、牛顿流体注浆模型。Baker[50]针对牛顿流体在裂隙内的辐射流动导出了层流关系式。杨米加等[51]研究了二维光滑裂隙中牛顿流体的流动规律，推导出了扩散半径与注浆时间的表达式。张良辉等[52]考虑粗糙度和地下水黏性阻力的影响，推导出牛顿流体灌浆时间与扩散半径关系的公式。郑玉辉[53]考虑地下水的影响推导得出了考虑流体黏度变化的公式及倾斜裂隙注浆浆液扩散公式。石达民等[54]对时变性牛顿流体进行了试验研究，推导出浆液做一维层流时压力的变化规律。

(2) 煤岩体中单一裂隙、宾汉流体注浆模型。Lombardi[55]根据力的平衡，导出了在开度为 b 的裂隙中浆液的最大扩散半径。Wittke 等[56]根据注浆压力变化梯度与浆液屈服强度的变化梯度之代数和为零，推导出宾汉流体在等厚光滑裂隙中的扩散距离。熊厚金等[57]考虑了浆液重力密度及裂隙倾斜角度的影响，推导出宾汉流体扩散在裂隙中的距离。杨晓东等[58]推导出当宾汉流体在裂隙中做低雷诺数的平面径向层流运动时，忽略浆体的流动惯性和重力作用的流动基本方程。Hässler等[59]用渠道网络代替裂隙面，将二维辐射流简化为一维直线流，得出在单条渠道内浆液的运动方程。郑长成等[60]考虑了裂隙倾角和方位角的影响，将浆液黏度时变性参数做了简化，得出了浆液最大扩散半径的公式。阮文军[61]考虑黏度时变性推导出牛顿流体和宾汉流体的注浆扩散模型，在推导宾汉流体时考虑了流核的存在。郑玉辉[53]基于频率水力隙宽的研究和宾汉流体渗流规律的建立，考虑地下水影响半径针对宾汉流体建立了裂隙注浆扩散模型。李术才等[62]采用广义宾汉流体本构方程推导C-S浆液在单一平板裂隙中的压力分布方程。

(3) 煤岩体裂隙网络中浆液的流动模型。Minaie等[63]研究了宾汉浆液在“渠道”裂隙网络中的流动规律，该理论考虑了浆液黏度的时变性。郝哲等[64]认为在接近交汇点足够近的各条裂隙内的压力相等且等于交汇点处的压力，通过流入交汇点的总流量等于流出交汇点的总流量来建立计算模型。Eriksson等[65]研究了宾汉浆液在二维“渠道”网络中的流动规律，每条裂隙开度大多数服从对数正态分布，同时考虑了浆液黏度的时变性、地下水的影响以及浆液在流动过程中的过滤影响。杨米加等[66]把裂隙交叉点作为结点，结点与结点之间的裂隙作为线单元，建立裂隙岩体网络渗流方程构成了裂隙网络渗流模型。罗平平等[67]建立了随机裂隙岩体灌浆数值模型，考虑了浆液的时变性和渗流场、应力场的耦合作用。

1.2.3.2　浆液扩散规律数值模拟

Kulatilake等[68]对岩体三维不连续面网络进行了模拟。杨米加[69]创建了非牛顿流体在裂隙网络中的渗流模型，并对注浆渗透过程进行了模拟。赵林[70]利用AutoCAD的VBA(Visual Basic for Applications)的二次开发，编写了岩体结构面的网络模拟程序。郝哲等[71]对山东莱芜铁矿谷家台矿区进行现场注浆实践，并研制开发出了一套浆液在裂隙岩体中扩散情况的计算机模拟程序。阮文军[61]编制了一套计算机程序，该程序通过分析注浆扩散半径和注浆压力的变化规律，从而了解浆液流变性、裂隙产状及注浆工艺参数对浆液扩散范围的影响规律。赵林、张发明等[70,72]通过概率统计和蒙特卡洛模拟等原理，建立了三维随机裂隙网络。孙斌堂等[73]基于非稳定渗流公式推导出渗透注浆的浆液渗流基本微分方程，并将其数值化离散，得到了计算浆液渗流的有限元模型。罗平平等[74]通过建立空间岩体裂隙模型，并利用编制的数值模拟程序模拟和分析了裂隙网络的注浆情况。夏露、于青春等[75-76]应用逆建模方法解决了计算三维裂隙大小和密度的问题。

1.2.3.3 注浆加固体力学性能研究

周维垣等[77]对建基面附近的弱风化岩体进行加固灌浆处理并研究其加固后的力学特性,用断裂-损伤力学方法对岩体力学变化的机制做了理论分析。张农等[78]在破裂岩石残余强度和变形性能研究的基础上,进一步开展注浆固结体的力学性能试验研究。许宏发等[79]通过非线性拟合分析,提出了破碎岩体注浆加固体强度增长率的经验公式。金爱兵等[80]对完整岩块以及采取注浆胶结、锚杆-注浆胶结联合加固两种方法加固后的破裂岩石力学性能进行了试验研究。王汉鹏等[81]在岩石试件单轴压缩破裂的基础上,进一步开展了峰后注浆加固试件的力学特性试验研究。孙家学等[82]用特制的注浆系统,模拟注浆工艺过程和注浆介质条件进行注浆试验研究,分析了注浆结石体强度影响因素。唐新军等[83]对大坝胶结堆石料的施工性能、力学性能及影响因素进行了研究。胡巍等[84]通过室内单轴压缩及剪切试验分析了裂隙岩体注浆加固后不同试块的强度变形特征。高延法等[85]通过试验分析知道,在分别采用聚氨酯、425#水泥进行岩石注浆加固时,岩石强度比其残余强度可以提高70%至1.1倍、1.3至2.0倍。牛学良等[86]为了研究岩石破裂后的注浆加固效果,分别采用水泥浆液和马丽散N浆液对峰后岩石试件进行了加固试验。试验证明,试件加固后强度比峰后残余强度可提高97%至11.2倍。宗义江等[87]在完整岩样单轴压缩试验的基础上,采用自制注浆系统对破裂岩样进行了承压注浆加固和固结体的力学特性试验。

1.2.4 存在问题

沿空留巷可以提高煤炭开采率,降低巷道掘进率,降低冲击矿压发生概率,是实现无煤柱卸压连续开采的重要保障。在围岩控制理论、煤矿采掘设备、支护技术与材料等快速发展的背景下,沿空留巷已经在多种条件下得到成功应用。然而随着开采水平进入深部以后,沿空留巷变形量呈现出逐步增加的趋势。围岩的变形特征由脆性向塑性转化,在侧向顶板旋转下沉的持续扰动下,巷道长期处于高速变形阶段,且在顶板稳定之后呈现出长时流变现象。在深部条件下,沿空留巷围岩稳定性研究存在的不足有:

(1) 沿空留巷的大变形甚至失稳现象及其产生原因没有得到足够的重视。深部开采条件下,工作面采动应力影响范围大,持续时间长。基本顶的旋转下沉会造成下方煤帮侧围岩大范围松散破碎。当顶板活动稳定后,高地应力又会导致本已破碎的围岩进入长时流变状态。如过巷道支护方式选择不合理,则巷道在未进入采动影响稳定阶段即已发生失稳破坏。

(2) 煤帮对巷道稳定性的影响没有得到足够的重视。煤帮在深部高应力作用下呈现大变形、长时流变现象。当前已有研究多集中在对巷道顶板稳定性进行分析并提出相应的支护技术方面。现场观测表明：沿空留巷煤帮侧变形量远大于墙体侧变形量；同时巷帮承载能力的低下也是巷道大范围底鼓的一个重要原因。

(3) 对采动应力导致工作面后方围岩-锚固支护承载结构发生的破碎松弛、承载性能降低研究不够深入。当前沿空留巷巷内支护技术大多在工作面超前范围内进行帮、顶锚固加强支护，强调锚固体系的主动支护能力。实际上，在工作面超前及滞后强烈采动影响范围内，围岩已进入松散破碎状态，锚杆体系支护能力降低，锚固体-围岩承载性能大大降低，无法满足滞后阶段巷道长期稳定的要求。

(4) 对不同注浆材料对峰后破裂围岩及损伤锚固体的承载性能恢复的研究不足，对注浆固结体受载后变形破坏特征的研究不够深入。已有相关研究成果大多选择普通硅酸盐水泥作为注浆固结材料。近年来新出现了一些新型的注浆材料，如高分子材料、超细水泥、硫铝酸盐快硬水泥等。有关这些新型注浆材料对回采巷道的适应性、加固性能及其注浆固结体破坏规律的相关研究尚显不足。

(5) 对巷道煤帮裂隙时空演化规律及注浆加固的时机没有进行深入研究。完整煤体是疏松多孔介质，浆液可注入性低。在工作面采动影响下，煤体内部产生大量的裂隙，可注入性能得到提高。然而注浆时机过晚巷道已处于失稳临界状态，注浆已很难再使围岩与支护结构重新形成有效的承载整体。

1.3　主要研究内容

(1) 利用现场观测结果分析沿空留巷煤帮采动破坏产生、发展规律及其与工作面采动影响之间的关系；分析巷道帮部破碎对顶、底板稳定性的影响。

(2) 考虑煤体应变软化规律，应用极限平衡原理分析支承应力导致煤帮采动损伤深度及锚注加固对减小损伤深度的作用。采用理论分析方法分析深部条件下长时间的强采动应力导致煤体破裂及锚杆失效机理。

(3) 进行峰后破裂煤样注浆固结试验。测试多种材料对峰后破裂煤样的注浆加固效果，分析注浆固结体变形特征及再破坏规律。测试多种注浆材料不同水灰比条件下的物理力学参数及流动性特征，分析其对沿空留巷破裂围岩注浆的适应性。

(4) 结合采动应力导致巷道煤帮内裂隙发育演化规律，利用 FLAC3D 实现沿空留巷围岩稳定性动态数值模拟，采用应变软化本构模型分析沿空留巷采动破碎煤帮最佳注浆时机。

(5) 提出沿空留巷采动破坏煤帮重构技术体系，总结形成锚注一体支护技术、注浆固结破碎煤帮支护技术、帮部锚索梁(桁架)支护技术等帮部围岩控制关键技术。

(6) 进行沿空留巷采动破碎帮部注浆重构工业性试验。结合矿压观测数据评估研究理论与技术的可行性,并根据结果及时做出相应调整。

1.4 研究技术路线

本书研究的技术路线如图 1-3 所示。

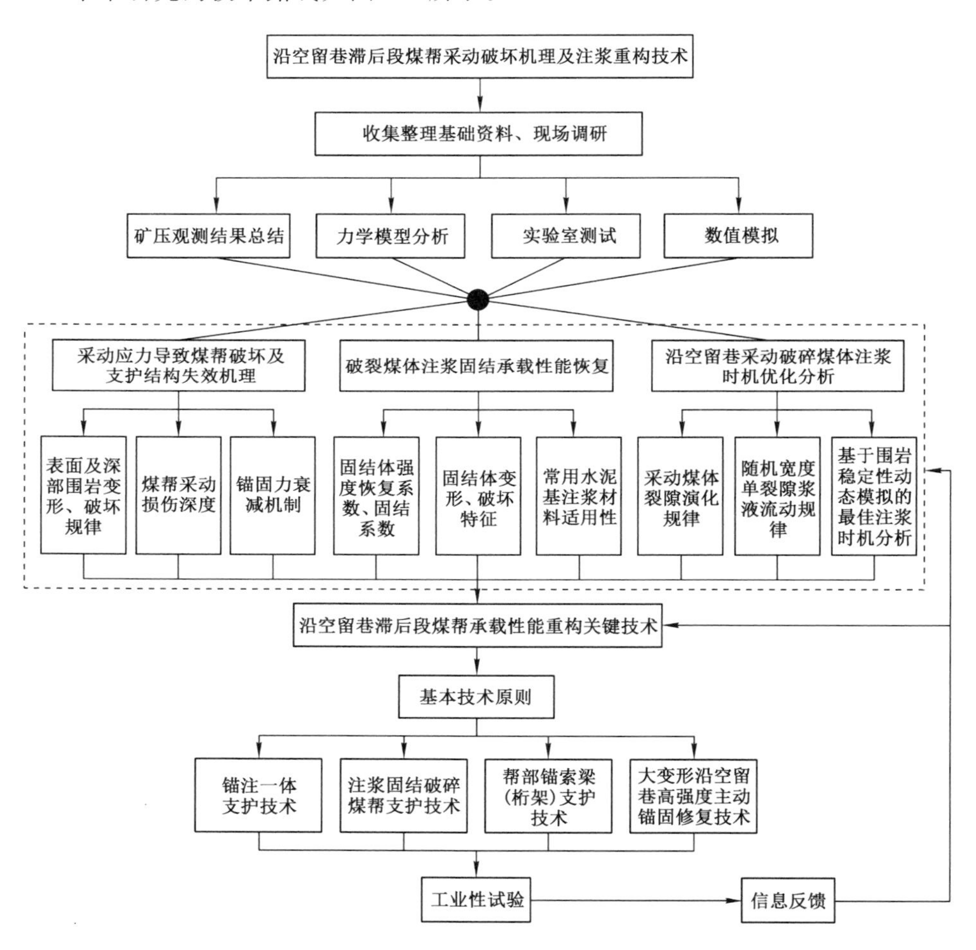

图 1-3 本书研究的技术路线

第 2 章　采动应力导致煤帮破坏及支护结构失效机理

在工作面后方随着直接顶的冒落及基本顶的断裂、旋转，沿空留巷上方将会形成具有稳定状态的砌体梁结构[88]，最终使得采空区重新恢复应力平衡状态。然而这一结构形成过程中基本顶的旋转下沉也同时对其下方的沿空巷道围岩产生长期挤压、剪切等多种形式的破坏作用。沿空留巷围岩长期处于高支承压力状态，塑性区向深部发展，如果没有采取合适的超前及留巷段围岩控制技术，那么极易导致巷道大变形乃至失稳。本章主要研究沿空留巷围岩尤其是煤帮侧的采动破坏机理及支护结构弱化失效机制。

2.1　沿空留巷围岩变形破坏特征

2.1.1　巷道表面变形规律

在沿空留巷工作面，受强烈采动影响之前巷道变形速度较慢，变形量不大。随着测站接近工作面，巷道表面位移速度逐渐增大，并在工作面前后达到峰值。通过分析巷道表面的变形量及变形速度可以得出采动应力对巷道围岩稳定性的影响强度。

巷道表面变形观测地点为潘一东矿 1252(1)工作面轨道平巷沿空留巷。表面收敛测点共布置 5 处，距采煤工作面最近一处应在 100 m 距离以外，5 处测点均相距 5 m。表面收敛断面布置时应布置在巷道帮顶及帮底的正中。观测频度：正常时每 1～2 日一次，采前 30 m 至采后 50 m 内，每日观测 1～2 次。巷道表面收敛测站设置平面图如图 2-1 所示。

沿空留巷采动前后围岩变形曲线如图 2-2 所示。沿空留巷围岩变形特点呈现出以下几个基本规律：

(1) 根据沿空留巷围岩变形趋势可以将巷道分为采动影响剧烈段、采动影响缓和段及采动影响趋稳段三个区域。本项目中在工作面后方 0～100 m 范围内为采动影响剧烈段；100～200 m 范围为采动影响缓和段；200 m 范围之外为

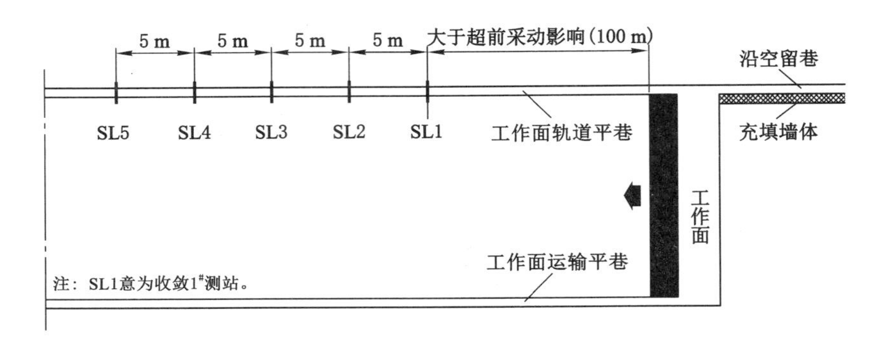

图 2-1　巷道表面收敛测站设置平面图

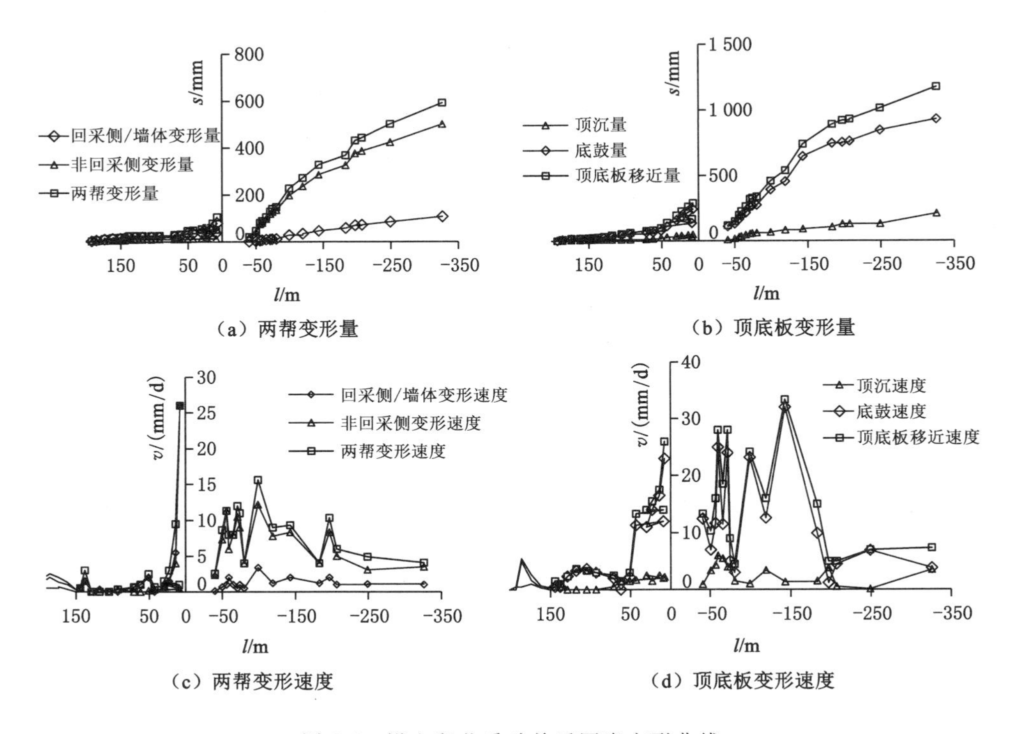

图 2-2　沿空留巷采动前后围岩变形曲线

采动影响趋稳段。在不同工作面地质条件下，这三个区域的长度可能会有所不同，但整体上呈现出这种阶段性趋势。

在采动影响剧烈段内采空区上方直接顶破碎、冒落的同时，伴随基本顶的断裂、旋转下沉。采空区上方顶板稳定结构被破坏，上覆岩层的剧烈运动也导致煤帮内支承应力重新分布并且急剧升高。如果巷道支护属于被动支护，在此期间将丧失承载性能，产生大变形，破坏。如果采用锚网(索)等主动支护，虽然巷道围岩仍将产生较大变形，但巷道围岩及支护结构仍能保持一定的承载性能，为留巷段补充加强支护及修复提供前提条件。采动影响缓和段是断裂基本顶形成的砌体梁应力调整，并最终形成稳定铰接结构的结果。在此期间，虽然巷道围岩支承应力不断降低，但采动及支护结构的弱化失效导致煤体内塑性区不断向深部发展，巷道变形量逐步增加。在采动影响趋稳段，随着冒落矸石被重新压实，采空区对基本顶及其上部岩层的承载能力得到提高，基本顶砌体梁结构最终形成。此时巷道帮部属于低应力区，但巷道围岩塑性区已经深入煤体内部。在深井高地压留巷条件下，采动影响趋稳段巷道变形以软岩流变为主。

(2) 巷道变形呈现显著的非匀称特征。沿空留巷煤帮变形量远大于墙体侧变形量，巷道底鼓量大于顶板下沉量。巷道围岩收敛主要是由实体帮变形及底鼓引起。观测结果表明：巷道煤帮侧位移占两帮移近量的 85%；底鼓量占顶底板移近量的 79%。

(3) 深井条件下沿空留巷围岩变形呈现长时流变的特性。在深井条件下，在工作面前、后采动支承应力影响下，巷道围岩松散破碎，承载性能显著降低。在深井高地压的影响下，沿空留巷围岩变形具有很强的流变性能，表现为巷道以较低速度持续变形。如果不采取适当的加固支护措施，巷道的破坏区域将进一步增大，乃至巷道完全失稳。

(4) 巷道变形速度呈现周期性跳跃的趋势。由于采空区基本顶破断呈现出周期性的 O-X 破断，基本顶铰接梁的应力调整也必将对下方巷道围岩稳定性产生长期、周期性的影响。随着与工作面距离的不断增加，这种影响也不断减弱。

2.1.2　煤帮深部位移规律

巷道围岩深部活动规律分析的目的在于确定巷道煤帮围岩离层范围及变化趋势量，进而得出围岩塑性破碎区随时间的变化规律。巷道围岩深部活动规律分析的观测仪器为多点位移计。

观测时在煤帮内安设多点位移计一个，基点深度分别为 1.5 m、3 m、6 m、7.5 m、9 m。为保证观测煤帮受工作面采动影响的全过程，测站初始设置位置应在距离工作面 250 m 以外。针对沿空留巷深部位移量大的特点特选用 6 基点 DW-2 型多点位移计，安设完成的多点位移计测站如图 2-3 所示。测站处于采动影响区之外时巷道深部位移量不大，可以每 1～2 d 观测一次；测站受工作面采动影响时围岩变形剧烈，需要每日观测 1～2 次。经过回采期间及滞后采动期间长期的观测，得到大量数据。

图 2-3　安设完成的多点位移计测站

沿空留巷帮部围岩深部位移曲线如图 2-4 所示。巷道煤帮侧深部位移总体上与表面收敛表现出相协调的变形趋势，即随着工作面采距的减小，深部位移量增加和深部位移速率相应地减小，且都可以分为三个阶段来描述，即采动影响剧烈段、采动影响缓和段和采动影响趋稳段。在工作面前方 70 m 至后方 170 m 范围内，超前采动段巷道煤帮侧深部位移量仅占总位移量的约 12.6%，巷道深部位移基本都发生在留巷段。煤帮侧工作面后方 170 m 范围内巷道围岩深部位移从 40 mm 扩展到 277 mm，围岩整体各个层位之间都发生较大的碎胀离层，尤其是 3 m 以内的围岩。在这一阶段，巷道原有的主动支护结构失效、弱化，无法有效地约束巷道围岩的破碎扩容。

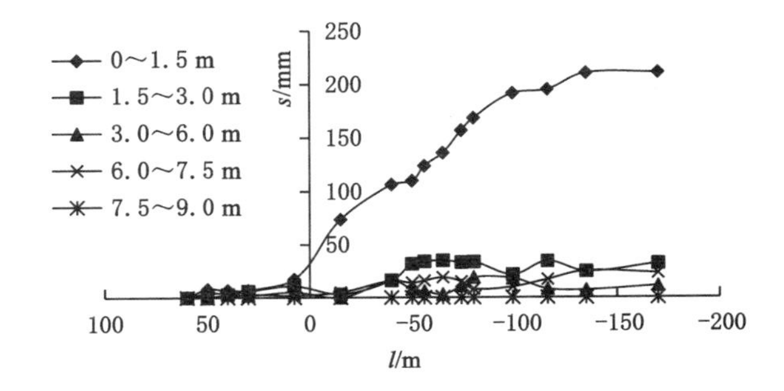

图 2-4　沿空留巷帮部围岩深部位移曲线

巷道围岩变形量由表面向深部逐步减小，内、外变形量之间存在显著的正相关关系。巷道深部围岩任一点的径向位移与表面位移的比值称为深表比[89]。

$$\lambda_r = U_r / U_0 \tag{2-1}$$

式中　λ_r——距巷道周边 r 处的深表比；

U_r——距巷道周边 r 处的径向位移；

U_0——巷道表面位移。

深表比可以反映巷道不同深度岩层之间的离层情况。径向位移量的计算方法为巷道表面位移量与该基点相对巷道表面位移量的差值，亦即巷道表面位移量与该深度的多点位移计读数的差值。巷道表面与深部径向位移计算方法示意见图 2-5。

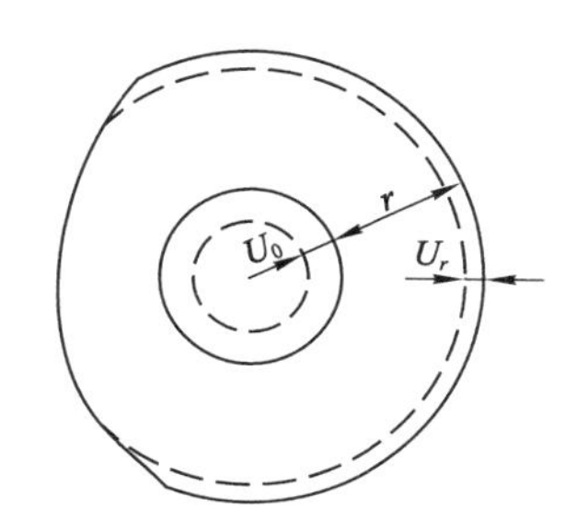

图 2-5　巷道表面与深部径向位移计算方法示意图

为了分析随着工作面推进巷道深部围岩的变形协调情况，分别取滞后工作面 40 m、60 m、80 m、100 m、120 m、160 m 各基点深表比进行对比分析，如图 2-6 所示。深部开采条件下，滞后工作面沿空巷道不仅巷道周边位移量很大，而且围岩变形的变化规律与实体巷道不同。煤帮侧围岩深表比衰减缓慢，且随着滞后距离的增加这一趋势越发明显。这种变化规律表明围岩损伤区域由表面逐步扩展到内部。除了巷道表面围岩的破碎，巷道深部煤帮的碎胀变形也是巷道表面变形的重要原因。巷道深部煤体的离层量在逐步增加，并且离层深度远超过10 m范围。采动导致锚固区的离层破坏，锚固区围岩离层量占总离层量的 50%～65%。

2.1.3　破碎煤帮对顶、底板稳定性的影响

在深部矿井中，沿空留巷经常发生大变形和围岩破坏，且随着采深的增加这一趋势更加明显，巷道断面收缩率经常达到 50%以上[40]。已有工程实践证明，与其他种类回采巷道相比，沿空留巷呈现出显著不均匀特征，实体帮部大变形、底鼓强烈。沿空留巷充填墙体也可视为巷道围岩的一部分。当前沿空留巷充填墙体多为混凝土类材料，具有高强、早强、抗变形能力好的特点，属于人造的高承载性支撑物。而煤帮强度较低，支护结构在采动影响剧烈段已经处于损伤状态，支护效果较差。顶板及充填墙体上方采用锚网(索)密集强力组合支护方式，而

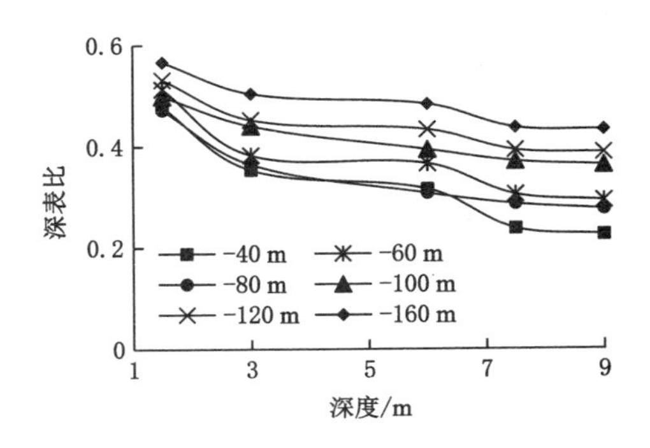

图 2-6　滞后工作面不同距离煤帮深表比

底板为开放性无支护围岩。在强烈采动应力的作用下，巷道围岩整体都会发生不同程度的破裂，锚固结构也会受到损伤。然而，松软易碎的煤帮及无支护、低强度底板在受到应力扰动之后，将是围岩内部损伤最严重的区域。

2.1.3.1　破碎煤帮与底板稳定性的关系

回采巷道帮部的稳定性对底板稳定性有重要影响[48,90-91]。沿空留巷多为矩形，帮角在开掘卸载后是应力集中点，围岩塑性区从两帮开始发展，当底板岩层强度也很低时，塑性区从两帮和底角开始。在高支承压力作用下巷道帮部产生大范围塑性区，同时对无支护的巷道底板产生挤压破坏作用，最终导致巷道底板产生剪切滑移的现象。图 2-7 中应力云图为工作面后方 100 m 位置巷道截面内最小主应力分布情况。在 FLAC 中以压应力为负值，而巷道围岩应力状态以受压为主。最小主应力可以反映巷道围岩受采掘应力影响程度及在采动应力作用下的承载性能。根据最小主应力云图可以发现，巷道煤帮侧底角是整个巷道周边围岩中应力较小的位置。这说明在强采动应力影响下煤帮底角区域发生了剪切滑移破坏，产生了向巷道内部的塑性流动。

目前，井下处理沿空留巷底鼓的方式基本是通过卧底移除挤入巷道内的松散破碎围岩。然而，从长期看，这种巷道维护方法恰恰是沿空留巷发生大变形的一个重要原因。正如图 2-7 中现场照片所示，卧底之后新暴露出来的底角围岩成为更大面积的承载性能弱化区，造成新一轮的底角快速收敛。在深井强采动应力长期影响之下，多次反复采用卧底手段处理破碎的底角区域甚至可能造成巷道整体失稳。因此，沿空留巷围岩稳定的关键点之一在于保持煤帮的稳定。稳定的实体煤帮自身变形量较小，内部塑性区范围小，相当于减小了巷道的广义宽度，更有利于保障顶、底板的稳定性。加固帮角可直接提高其强度，同时有效降低该处围岩的应力集中程度，避免帮角过早破坏而引起巷帮及底板的较大变

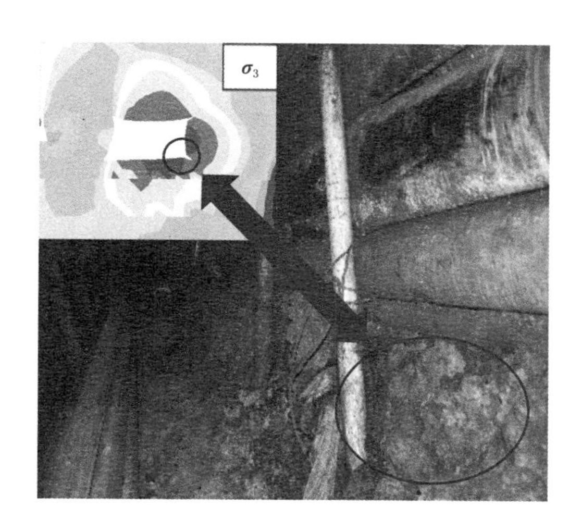

图 2-7　底角承载性能弱化区

形。已有研究表明，采用锚杆、注浆等手段加固帮、角可以有效加固承载薄弱区域，减缓底鼓速度[92]。

2.1.3.2　破碎煤帮与顶板稳定性的关系

沿空留巷煤帮强度一般都远低于顶、底板岩层及充填墙体，因而其破裂范围远大于顶、底板岩层，在围岩承载结构中表现为最弱的部位。采掘扰动致使煤帮内损伤宽度不断增加，表面围岩松散破碎，承载能力降低。煤帮内不断扩展的塑性区相当于增加了巷道的广义宽度。如果把顶板简化为梁进行力学分析，巷道宽度与梁内部最大拉应力呈现平方关系。巷道广义宽度的增加，造成顶板受力状态恶化。“强帮控顶”支护技术思想目前已得到巷道围岩控制领域的认可，加固煤帮可以减小其损伤深度，提高对顶板传递的竖向载荷的承载力[31-32]。宏观上等效于减小顶板岩层跨度，从而改善顶板围岩受力状况，减小顶板变形量，提高巷道整体稳定性。

2.2　采动巷道煤帮损伤深度理论分析

未经采动的岩体，在巷道开掘前通常处于弹性变形状态。掘进会导致巷道周边围岩出现应力集中现象，当应力超过围岩强度时就会在巷道表面产生塑性区域。在长时维护过程中，围岩内部产生裂隙，煤帮浅表裂隙扩展、贯通，纵深形成破碎区。沿空留巷长期受滞后采动影响[93]，煤帮进入大范围的破碎区[94-98]，浅表碎胀、大变形，失稳更加严重。尤其是处于深部高应力强开采应力扰动的复杂恶劣地质力学环境，破碎区宽达 2～4 m，锚杆处在破碎区，锚固端滑脱、网兜等矿压显现频发[98]。

书中考虑煤体破碎后的应变软化，利用极限平衡法分析煤帮采动损伤深度。研究了煤岩体受载变形过程中支承应力、采高、煤层及煤岩界面物理力学参数等各个因素对围岩损伤深度的影响；基于锚注加固作用机理，分析了锚注加固对减小煤帮损伤深度的作用。

2.2.1 煤体的应变软化力学行为

试验证明，加载煤体在屈服变形过程中发生弹塑性软化，其应力-应变曲线可简化成如图 2-8 所示的"三折线"形式[17]。分析煤体简化的破坏变形过程，可将其划分为三个阶段：峰值前的弹性阶段、峰值后的塑性软化阶段和塑性流动阶段。

（1）在弹性阶段，煤体强度可表示为：

$$\sigma_1 = K_p\sigma_3 + \sigma_c \tag{2-2}$$

式中 σ_1，σ_3——最大、最小主应力；

K_p——应力系数，$K_p = \dfrac{1+\sin\varphi_m}{1-\sin\varphi_m}$；

φ_m——煤体内摩擦角；

σ_c——煤体单轴抗压强度。

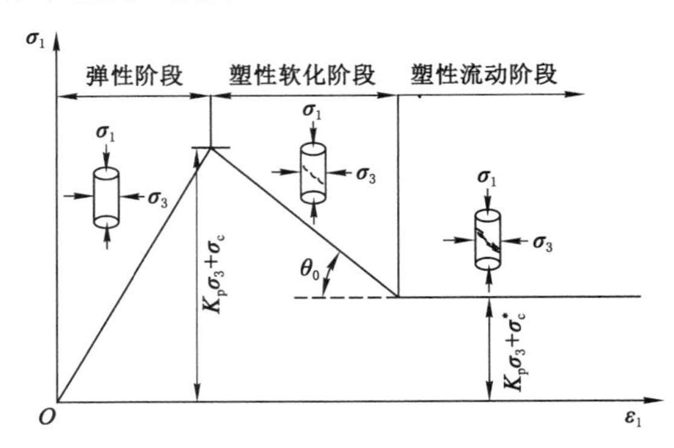

图 2-8 理想弹塑性应变软化模型

（2）在塑性软化阶段，煤体强度可表示为：

$$\sigma_1 = K_p\sigma_3 + \sigma_c - M_0\varepsilon_1^p \tag{2-3}$$

式中 M_0——煤体软化模量；

ε_1^p——煤体主塑性应变。

实测表明，煤柱压缩呈线性变化，因而可假设下式成立[17]：

$$\varepsilon_1^p = \frac{S_t}{m}(x_0 - x) \tag{2-4}$$

式中　S_t——塑性区煤体应变梯度；

x_0——非弹性区宽度；

x——应变处距煤壁距离；

m——煤层厚度。

所以塑性软化阶段煤体强度也可表示为：

$$\sigma_1 = K_p\sigma_3 + \sigma_c - \frac{M_0 S_t}{m}(x_0 - x) \tag{2-5}$$

（3）在塑性流动阶段，煤体强度可表示为：

$$\sigma_1 = K_p\sigma_3 + \sigma_c^* \tag{2-6}$$

式中　σ_c^*——煤体单轴压缩残余强度。

2.2.2　无支护巷道的帮部损伤深度

由于煤体的泊松比大于其顶、底板的泊松比，煤体的黏聚力和内摩擦角大于煤层界面的黏聚力和内摩擦角，因此在巷道开挖后，煤帮必然从顶、底板岩石中挤出，并在煤层界面上伴随有剪应力产生[16]。为了简化计算且基本同实际相符，特做以下假设：

（1）煤柱的变形分区同煤样强度试验的分区相对应，即破碎区对应塑性流动阶段，塑性区对应塑性软化阶段，弹性区对应弹性阶段。无支护巷道煤帮弹塑性区域划分模型如图 2-9 所示。

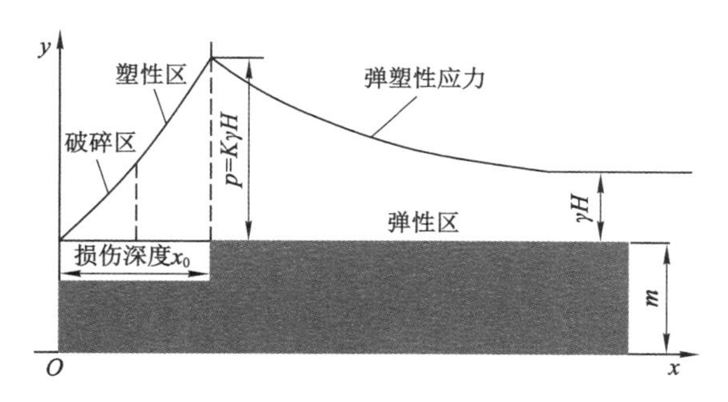

图 2-9　无支护巷道煤帮弹塑性区域划分模型

（2）煤层界面是煤体相对顶、底板运动的滑移面。滑移面上的正应力 σ_y 与剪应力 τ_{xy} 之间满足应力极限平衡的基本方程：

$$\tau_{xy} = \sigma_y \tan\varphi + C \tag{2-7}$$

式中　φ,C——煤层界面的内摩擦角、黏聚力。

(3) 极限平衡区内的单元体处于平衡状态(见图 2-10),满足以下平衡方程:

$$m\mathrm{d}\sigma_x - 2\tau_{xy}\mathrm{d}x = 0 \tag{2-8}$$

式中　m——煤层厚度;

　　$\mathrm{d}x$——单元体宽度;

　　$\mathrm{d}\sigma_x$——水平应力在 x 方向的变化率。

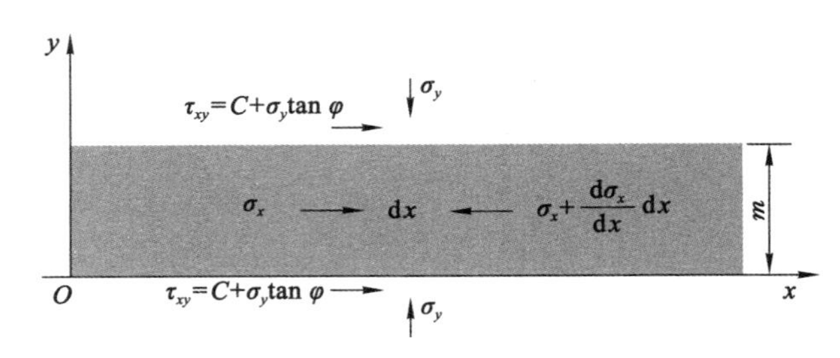

图 2-10　煤帮单元体应力平衡分析

(4) 在极限平衡区与弹性区交界处,即 $x=x_0$时的平衡方程为:

$$\sigma_y\big|_{x=x_0} = p = K\gamma H \tag{2-9}$$

式中　K——应力集中系数;

　　γ——覆岩平均容重;

　　H——煤巷埋深。

(5) 在实际情况下,煤柱 x 方向一侧采空,使压力释放,从而 σ_y 远大于 σ_x,因而 σ_y 与 σ_1 的夹角很小,σ_x 与 σ_3 的夹角也很小,因此可以认为 $\sigma_y=\sigma_1$,$\sigma_x=\sigma_3$,且不会产生太大偏差。

(6) 煤层上下界面、煤柱垂直应力相等,不计煤柱体积力的影响。

2.2.2.1　破碎区

破碎区煤体从顶、底板层间挤出时,应满足下述条件:

煤柱强度条件:

$$\sigma_y = K_\mathrm{p}\sigma_x + \sigma_\mathrm{c}^* \tag{2-10}$$

应力平衡方程:

$$\tau_{xy} = \frac{1}{2}m\frac{\partial\sigma_x}{\partial x} \tag{2-11}$$

煤层界面极限平衡条件:

$$\tau_{xy} = \sigma_y\tan\varphi_\mathrm{r} + C_\mathrm{r} \tag{2-12}$$

式中　φ_r,C_r——破碎区煤层界面内摩擦角、黏聚力。

联立式(2-10)～式(2-12),求解微分方程可得:

$$\sigma_y = B_r e^{\frac{2K_p \tan \varphi_r}{m}x} - C_r \cot \varphi_r \tag{2-13}$$

式中　B_r——待定常数。

由应力边界条件 $\sigma_x|_{x=x_0}=0$,可解得:

$$B_r = \sigma_c^* + C_r \cot \varphi_r \tag{2-14}$$

故破碎区应力分布为:

$$\sigma_y = (\sigma_c^* + C_r \cot \varphi_r) e^{\frac{2K_p \tan \varphi_r}{m}x} - C_r \cot \varphi_r \tag{2-15}$$

2.2.2.2　塑性区

塑性区煤体从顶、底板层间挤出时,应满足下述条件:

煤柱强度条件:

$$\sigma_y = K_p \sigma_x + \sigma_c - \frac{M_0 S_t}{m}(x_0 - x) \tag{2-16}$$

应力平衡方程:

$$\tau_{xy} = \frac{1}{2} m \frac{\partial \sigma_x}{\partial x}$$

煤层界面极限平衡条件:

$$\tau_{xy} = \sigma_y \tan \varphi_p + C_p \tag{2-17}$$

式中　φ_p,C_p——塑性区煤层界面内摩擦角、黏聚力。

联立式(2-16)、式(2-11)、式(2-17),求解微分方程可得:

$$\sigma_y = B_p e^{\frac{2K_p \tan \varphi_p}{m}x} - C_p \cot \varphi_p - \frac{M_0 S_t}{2K_p} \cot \varphi_p \tag{2-18}$$

式中　B_p——待定常数。

令破碎区宽度为 x_1,塑性区宽度为 x_2,则:

$$x_0 = x_1 + x_2 \tag{2-19}$$

$$\sigma_y|_{x=x_0} = p = B_p e^{\frac{2K_p \tan \varphi_p}{m}x_0} - C_p \cot \varphi_p - \frac{M_0 S_t}{2K_p} \cot \varphi_p \tag{2-20}$$

联立式(2-10)和式(2-16)可解得:

$$x_2 = \frac{m(\sigma_c - \sigma_c^*)}{M_0 S_t} \tag{2-21}$$

且由 $x=x_1$ 处强度连续条件,可解得:

$$B_p = \left[(\sigma_c^* + C_r \cot \varphi_r) e^{\frac{2K_p \tan \varphi_r}{m}x_1} + C_p \cot \varphi_p - C_r \cot \varphi_r + \frac{M_0 S_t}{2K_p} \cot \varphi_p \right] e^{-\frac{2K_p \tan \varphi_p}{m}x_1} \tag{2-22}$$

联立式(2-18)～式(2-21),可解得:

$$
\begin{cases}
x_1 = \dfrac{m\cot\varphi_r}{2K_p}\ln\dfrac{\left(p + C_p\cot\varphi_p + \dfrac{M_0 S_t}{2K_p}\cot\varphi_p\right)e^{-\frac{2K_p\tan\varphi_p}{m}x_2} + C_r\cot\varphi_r - C_p\cot\varphi_p - \dfrac{M_0 S_t}{2K_p}\cot\varphi_p}{\sigma_c^* + C_r\cot\varphi_r} \\
x_2 = \dfrac{m(\sigma_c - \sigma_c^*)}{M_0 S_t} \\
x_0 = \dfrac{m\cot\varphi_r}{2K_p}\ln\dfrac{\left(p + C_p\cot\varphi_p + \dfrac{M_0 S_t}{2K_p}\cot\varphi_p\right)e^{-\frac{2K_p\tan\varphi_p}{m}x_2} + C_r\cot\varphi_r - C_p\cot\varphi_p - \dfrac{M_0 S_t}{2K_p}\cot\varphi_p}{\sigma_c^* + C_r\cot\varphi_r} + \dfrac{m(\sigma_c - \sigma_c^*)}{M_0 S_t}
\end{cases}
\tag{2-23}
$$

为了分析考虑煤体破碎应变软化后，破碎区、塑性区及围岩损伤深度，取表2-1所示的数值进行计算，解得破碎区宽度 $x_1=6.36$ m，塑形区宽度 $x_2=0.3$ m，围岩损伤深度 $x_0=6.93$ m。深井强采动条件下巷道浅部围岩处于塑性破坏状态，常规的锚杆支护基本在破碎区范围内。

表 2-1　无支护巷道围岩损伤深度算例

因子	m	K_p	φ_r	C_r	S_t	M_0	K	γ	H	φ_p	C_p	σ_c	σ_c^*
单位	m		(°)	MPa		MPa		kN/m³	m	(°)	MPa	MPa	MPa
数值	3.0	2.50	16	0.04	0.2	900	4	25	800	19	0.1	20.0	2.0

2.2.3　锚注支护巷道的帮部损伤深度

巷道锚杆支护围岩强度强化理论[99]认为，锚杆支护的作用主要体现在锚固体强度的提高，即加固区围岩黏聚力和内摩擦角的提高。巷道滞后注浆围岩控制理论[100]认为，注浆的作用在宏观上表现为巷道浅部的破裂岩体黏聚力和内摩擦角的提高，以提高峰后残余强度。在工程实践中，回采巷道锚注加固范围主要集中在浅部围岩的破碎区内。为此建立如图2-11所示的锚注支护巷道煤帮弹塑性区域划分模型。

2.2.3.1　加固区

可类比无支护巷道破碎区，煤体从顶、底板层间挤出时，应满足下述条件：

煤柱强度条件：

$$\sigma_y = K_{ps}\sigma_x + \sigma_{cs}^* \tag{2-24}$$

式中　K_{ps}——加固区煤柱的应力系数；

σ_{cs}^*——加固区煤柱的残余强度。

应力平衡方程：

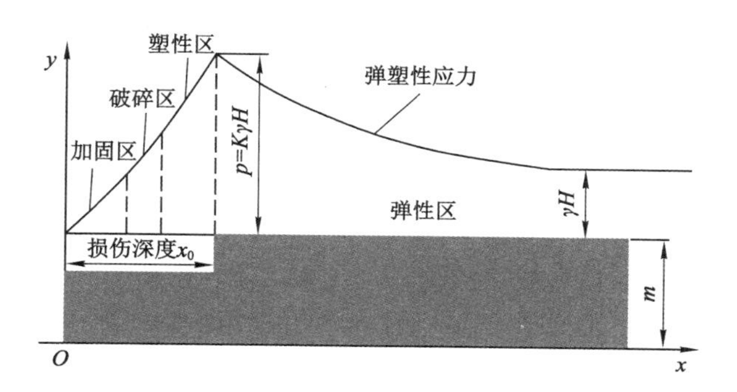

图 2-11　锚注支护巷道煤帮弹塑性区域划分模型

$$\tau_{xy} = \frac{1}{2} m \frac{\partial \sigma_x}{\partial x}$$

煤层界面极限平衡条件：

$$\tau_{xy} = \sigma_y \tan \varphi_{rs} + C_{rs} \tag{2-25}$$

式中　φ_{rs},C_{rs}——加固区煤层界面内摩擦角、黏聚力。

联立式(2-11)、式(2-24)、式(2-25)，求解微分方程可得：

$$\sigma_y = B_{rs} e^{\frac{2K_{ps}\tan\varphi_{rs}}{m}x} - C_{rs}\cot\varphi_{rs} \tag{2-26}$$

式中　B_{rs}——待定常数。

令加固区护表强度为 p_x，即应力边界条件 $\sigma_x \big|_{x=x_0} = p_x$，可解得：

$$B_{rs} = K_{ps} p_x + \sigma_{cs}^* + C_{rs}\cot\varphi_{rs} \tag{2-27}$$

故加固区应力分布为：

$$\sigma_y = (K_{ps} p_x + \sigma_{cs}^* + C_{rs}\cot\varphi_{rs}) e^{\frac{2K_{ps}\tan\varphi_{rs}}{m}x} - C_{rs}\cot\varphi_{rs} \tag{2-28}$$

令加固区宽度 $x = L_s$，则：

$$\sigma_y \big|_{x=L_s} = (K_{ps} P_x + \sigma_{cs}^* + C_{rs}\cot\varphi_{rs}) e^{\frac{2K_{ps}\tan\varphi_{rs}}{m}L_s} - C_{rs}\cot\varphi_{rs} \tag{2-29}$$

2.2.3.2　破碎区

加固区使破碎区重新从二向应力平衡趋于三向应力平衡，因而提高了破碎区强度。由于加固区与破碎区交界处围岩本构方程发生改变，理论分析中此处发生了垂直应力突变。为了与实际情况相一致并不引起太大误差，根据围岩中垂直应力连续规律，将这一交界处视为加固区对破碎区施加的等效应力边界条件 F。

$$F = \frac{(\sigma_y \big|_{x=L_s} - \sigma_{cs}^*)}{K_{ps}} \tag{2-30}$$

将应力边界条件 $\sigma_x \big|_{x=L_s} = F$ 代入式(2-13)可解得：

$$B_r = (K_p F + \sigma_c^* + C_r \cot \varphi_r) e^{-\frac{2K_p \tan \varphi_r}{m} L_s} \tag{2-31}$$

故破碎区应力分布为：

$$\sigma_y = (K_p F + \sigma_c^* + C_r \cot \varphi_r) e^{\frac{2K_p \tan \varphi_r}{m}(x - L_s)} - C_r \cot \varphi_r \tag{2-32}$$

2.2.3.3 塑性区

塑性区应力分布为：

$$\sigma_y = B_p e^{\frac{2K_p \tan \varphi_p}{m} x} - C_p \cot \varphi_p - \frac{M_0 S_t}{2K_p} \cot \varphi_p$$

令破碎区宽度为 x_1，塑性区宽度为 x_2，围岩损伤深度为 x_0，则：

$$x_0 = L_s + x_1 + x_2 \tag{2-33}$$

将式(2-33)代入式(2-18)可得：

$$\sigma_y \big|_{x=x_0} = P = B_p e^{\frac{2K_p \tan \varphi_p}{m}(L_s + x_1 + x_2)} - C_p \cot \varphi_p - \frac{M_0 S_t}{2K_p} \cot \varphi_p \tag{2-34}$$

由 $x = L_s + x_1$ 处强度连续条件，联立式(2-32)、式(2-18)可得：

$$\begin{aligned}\sigma_y &= B_p e^{\frac{2K_p \tan \varphi_p}{m}(L_s + x_1)} - C_p \cot \varphi_p - \frac{M_0 S_t}{2K_p} \cot \varphi_p \\ &= (K_p F + \sigma_c^* + C_r \cot \varphi_r) e^{\frac{2K_p \tan \varphi_r}{m} x_1} - C_r \cot \varphi_r\end{aligned} \tag{2-35}$$

联立式(2-18)和式(2-33)～式(2-35)可解得：

$$\begin{cases} x_1 = \dfrac{m \cot \varphi_r}{2K_p} \ln \dfrac{\left(p + C_p \cot \varphi_p + \dfrac{M_0 S_t}{2K_p} \cot \varphi_p\right) e^{-\frac{2K_p \tan \varphi_p}{m} x_2} + C_r \cot \varphi_r - C_p \cot \varphi_p - \dfrac{M_0 S_t}{2K_p} \cot \varphi_p}{K_p F + \sigma_c^* + C_r \cot \varphi_r} \\ x_2 = \dfrac{m(\sigma_c - \sigma_c^*)}{M_0 S_t} \\ x_0 = L_s + \dfrac{m \cot \varphi_r}{2K_p} \ln \dfrac{\left(p + C_p \cot \varphi_p + \dfrac{M_0 S_t}{2K_p} \cot \varphi_p\right) e^{-\frac{2K_p \tan \varphi_p}{m} x_2} + C_r \cot \varphi_r - C_p \cot \varphi_p - \dfrac{M_0 S_t}{2K_p} \cot \varphi_p}{K_p F + \sigma_c^* + C_r \cot \varphi_r} + \dfrac{m(\sigma_c - \sigma_c^*)}{M_0 S_t} \end{cases} \tag{2-36}$$

如果不考虑应变软化及锚注加固区的影响，但施加护表强度 p_x，亦即 $S_t = 0$，$L_s = 0$，$C_r = C_p = C_0$，$\varphi_r = \varphi_p = \varphi_0$，$\sigma_c = \sigma_c^*$，式(2-36)的简化结果与侯朝炯、马念杰[16]推导公式一致：

$$x_0 = \frac{m \cot \varphi_0}{2K_p} \ln \frac{p + C_0 \cot \varphi_0}{\sigma_y \big|_{x=0} + C_0 \cot \varphi_0} \tag{2-37}$$

2.2.4 锚注加固效果分析

为分析锚注加固效果，取表 2-2 中所示基准数值，并调整因子取值区域，进行单因子控制变量分析。

表 2-2　锚注支护对巷道围岩损伤区深度影响算例

因子	m	γ	H	φ_p	K_p	φ_r	C_r	K	σ_c	σ_c^*
单位	m	kN/m^3	m	(°)		(°)	MPa		MPa	MPa
基准数值	3	25	800	22	2.5	16	0.04	4	20	2
因子	S_t	M_0	C_p	K_{ps}	φ_{rs}	C_{rs}	L_s	p_x	σ_{cs}^*	
单位		MPa	MPa		(°)	MPa	m	MPa	MPa	
基准数值	0.2	900	0.1	3	20	0.07	2.5	0.3	8	

2.2.4.1　工作面开采及地质因素对损伤深度的影响

图 2-12(a)、(b)、(c)分别为煤层埋深 H、煤层厚度 m、应力集中系数 K 对围岩损伤深度 x_0 的影响。由图中分析可知：

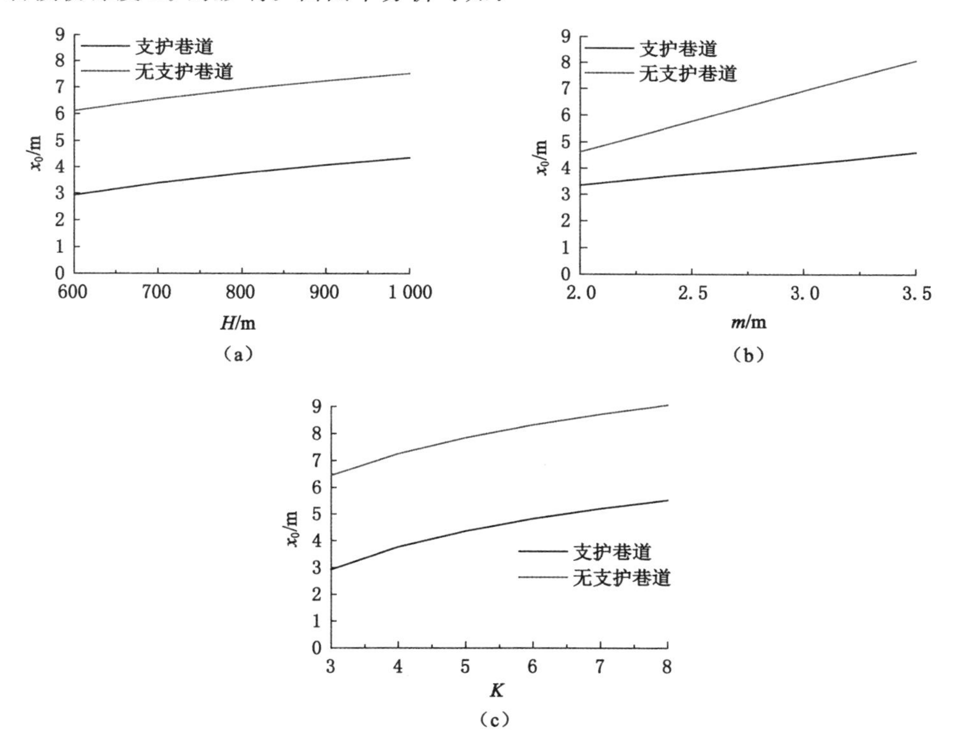

图 2-12　工作面开采及地质因素对损伤深度的影响

(1) 在煤层埋深相同时，支护巷道的围岩损伤深度低于无支护巷道，且在所给定的支护强度下，仅为无支护巷道的 45%～60%；当采深在 600～1 000 m 范围内变化时，支护巷道和无支护巷道的极限平衡区宽度均近似线性增加，其中支护巷道增加到 1.49 倍，无支护巷道增加到 1.23 倍；支护巷道与无支护巷道的围岩损伤深度的增长速度相当。在深部高围压的作用下，回采巷道往往表现出软岩大变形、高地压、难支护的特征。如不采取及时有效的支护，开挖后围岩短时间内由表及里发生大变形→破裂→碎裂→整体失稳。对比分析表明，锚注支护是减小巷道损伤深度的有效方法。

(2) 煤层厚度相同时，支护巷道的围岩损伤深度低于无支护巷道，且在所给定的支护强度下，仅为无支护巷道的 60%～70%；当煤帮高度在 2.0～3.5 m 范围内变化时，支护巷道和无支护巷道的极限平衡区宽度均近似线性增加，其中支护巷道增加到 1.38 倍，无支护巷道增加到 1.75 倍；支护巷道的围岩损伤深度增幅速度低于无支护巷道。因此，对于煤层强度低、煤帮高度大的巷道，一定要科学地采取措施，加强支护，维持巷道的稳定。

(3) 采掘扰动导致的应力集中系数相同时，支护巷道的围岩损伤深度低于无支护巷道，且在所给定的支护强度下，仅为无支护巷道的 45%～60%；随着采掘扰动增强，支护巷道和无支护巷道的围岩损伤深度均近似线性增加，其中支护巷道增加到 1.89 倍，无支护巷道增加到 1.40 倍。深部开采条件下，采动应力会导致围岩产生原岩数倍的支承应力，且围岩对采掘扰动更为敏感。工作面开采后，沿空巷道围岩要经受顶板围岩长期高应力的影响，变形速度快、持续时间长。

2.2.4.2 锚注加固对围岩损伤深度的影响

锚注支护技术的加固效果表现为整体上提高被加固围岩的强度及内摩擦角。锚注支护技术对减小围岩损伤深度有较好的作用。图 2-13 为锚注支护各加固参数对围岩损伤深度的影响。实际上锚注支护对围岩的加固效果综合体现在提高围岩黏聚力、内摩擦角、峰后抗压强度、胶结煤岩界面等多个方面。

(1) 图 2-13(a)中加固区单轴压缩残余强度 σ_{cs}^{*} 较破碎区提高 2.5～4.5 倍，其他因子不变。在给定条件下，随着固结系数的增加，极限平衡区宽度近似等比例减小，减幅为 0.94 m。注浆固结后的峰后破碎岩块抗压强度可以恢复为残余强度的 2～6 倍。与其他锚注加固影响参数相比，围岩单轴压缩残余强度的提高对损伤深度的影响最明显。

(2) 图 2-13(b)中加固区宽度 L_s 在 0～3 m 之间变化，其他因子不变。在给定条件下，加固 0～2.5 m 范围内，围岩损伤深度迅速减小；超过 2.5 m，围岩损伤深度减幅较小。增加加固区宽度是减小煤帮损伤深度的最有效方法之一。

(3) 图 2-13(c)中加固区煤体内摩擦角 φ_{ms} 在 25°～32°之间浮动，其他因子不变。在给定条件下，随着加固区煤体内摩擦角的增加，极限平衡区宽度减小 0.55 m。注浆之后浆液将煤体与顶、底板之间的破碎界面重新黏结，界面上黏聚力得到恢复,内摩擦角得到提高。

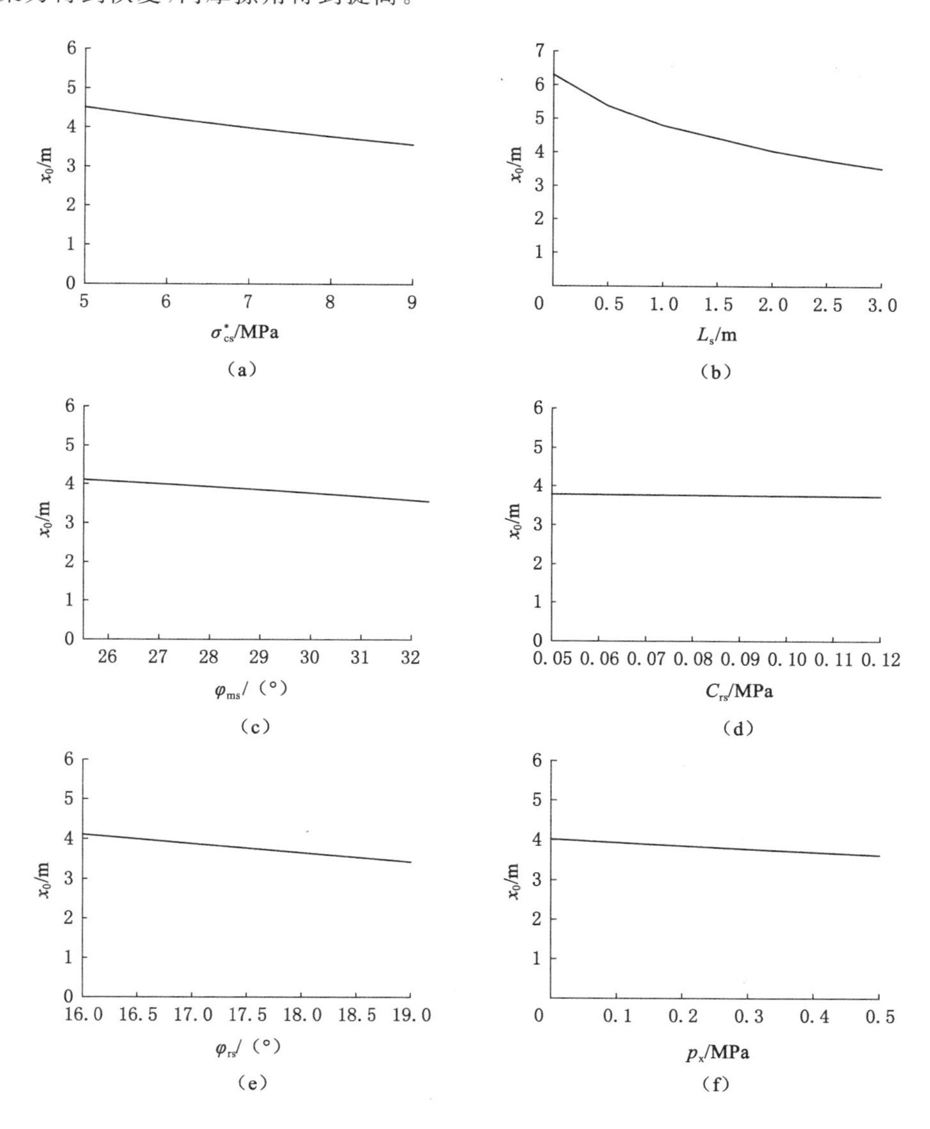

图 2-13　锚注支护加固参数对围岩损伤深度的影响

(4) 图 2-13(d)中加固区煤层界面黏聚力在 0.05～0.12 MPa 之间浮动,其他因子不变。在给定条件下,随着加固区煤层界面黏聚力的增加,围岩近似等比例减小,减幅为 0.05 m。在极限平衡状态下,煤岩不发生相对滑动,煤层界面黏聚力取决于两种岩体的结合程度,锚杆的机械铰接作用和注浆的强化黏结作用均可提高煤层界面的黏聚力。

(5) 图 2-13(e)中加固区煤层界面内摩擦角 φ_{rs} 在 16°～19°之间浮动,其他因子不变。在给定条件下,随着加固区煤层界面内摩擦角的增加,围岩损伤深度减小0.68 m。一般煤层界面内摩擦角只与煤和顶、底板岩石的力学性质以及它们之间接触面的平滑程度有关,受它们自身破坏程度的影响不大。但当锚杆与煤层界面相交或注浆扩散到煤层界面时,煤层界面内摩擦角将小幅度增大。

(6) 图 2-13(f)中加固区煤层界面护表强度 p_x 在 0～0.5 MPa 之间浮动,其他因子不变。在给定条件下,随着加固区护表强度的增加,围岩损伤深度减小 0.40 m。锚杆配套护表构件[101-102](如托盘、钢带、金属支架等)依靠与锚杆紧密相连密贴围岩表面,通过锚杆轴向力挤压围岩,可以有效约束煤帮碎裂岩块的垮落,改善巷道表面岩层受力状况;均化巷道各部分的受力和变形状态,提高巷道整体稳定性。对于软弱破碎围岩,锚固支护的护表性能对巷道稳定性有重要影响[102]。研究表明,菱形金属网可提供 0.01 MPa 的支护力[101],U 型钢支架的侧向阻力一般为 0～0.3 MPa[16]。

2.3 采动应力扰动致锚固体失效原因

2.3.1 煤岩体破坏细观分析

煤岩体失稳变形主要是在应力扰动情况下发生的,变形过程中内部能量由稳定态积聚到非稳定态释放,释放过程则是非线性动力学过程。未开挖条件下的煤岩体属各向异性材料,尽管在未开挖条件下,内部也孕育着许多的微裂纹和裂隙,这些裂隙、裂纹为将来开挖后煤岩体的破坏提供了一定的潜在激发作用。现场宏观上巷道周边的岩体破碎、剥离、蠕变等行为的形成具备一定的过程性。起初成巷和一次采动应力对原岩应力的干扰,导致潜在裂纹、裂隙被强制闭合压实,参考 Martin 的研究[103],在后续的过程中,裂纹将逐渐扩展、连通,最终达到岩体极限破坏载荷后,岩体将出现宏观上的断裂、剥离、破碎,甚至是冲击性的局部整体性煤岩体突出。Martin 用四个区域表征了这一过程,分别是裂纹闭合区,此区域范围和起始裂纹分布情况与地质条件紧密关联。当所有裂纹闭合之后,此时的岩体可大致视为均质的、线弹性的、各向同性的,这就是第二个阶段,该阶段的弹性特性主要是由岩体的应力-应变曲线所决定的。

第三个阶段是稳定裂纹扩展阶段。根据 Griffith[104] 于 1921 年提出的理论,在岩体承受拉应力条件下,单轴抗拉强度可由下式决定:

$$\sigma_t = \sqrt{\frac{2E\gamma}{\pi a}} \tag{2-38}$$

式中　E——岩体弹性模量；

γ——断裂表面能；

a——裂纹半长。

三年后，Griffith 研究得出在单轴压缩条件下，单轴抗压强度为单轴抗拉强度的 8 倍[105]，即：

$$\sigma_c = 8\sqrt{\frac{2E\gamma}{\pi a}} \tag{2-39}$$

Griffith 认为一旦岩体内部裂纹处的应力水平超过岩体表面最大断裂能，表面宏观破碎将不可避免。但是就我国东部矿井深部地质条件下的实测经验表明，煤(岩)体的单轴抗拉强度一般为 1 MPa 左右，根据 Griffith 的理论，则单轴抗压强度约为 8 MPa。然而实验室条件下测试的单轴抗压强度大多在 10～20 MPa之间，由此可见 Griffith 的理论存在着一定的改进空间。后来 Brace[106]、Hoek[107]、Bieniawski[108] 证实在双轴加载和低围压条件下，内部裂纹的确是在 $8\sigma_t$ 受力状态下开始形成的，然而这种裂纹的生长延伸是较为缓慢的，宏观裂纹并不会出现。在应力水平持续增大到 $24\sigma_t$ 时，宏观破碎才会显现，这也是稳定裂纹扩展区出现的过程。根据这一观点，本工作面和相邻工作面的回采产生的支承应力为破碎区向围岩深部扩展奠定了力学基础。

当应力持续增加，裂纹汇合贯通，岩体内部出现小规模的开裂现象，这种开裂在岩体内部扩展，岩体错动滑移现象逐渐明晰直至出现宏观破裂面，这一过程的临界点即图 2-14 中的最高点(宏观破碎出现)。

现有沿空留巷实践经验均关心两大问题：一是留巷能否承受本工作面推进时的应力扰动而保持安全断面面积，它不可避免地受到留巷方式、支护时机、支护方案、推进速度等多方面因素的制衡；二是该留巷能否成功被下一工作面利用，这就涉及应力扰动条件下留巷复用的问题。不管是沿空留巷还是沿空掘巷，不管是墙体还是煤体，失稳的过程是一致的，内部裂纹扩展机理也和上述理论内容基本吻合。以往留巷经验认为顶、底板支护的稳定性似乎要大于两帮支护的稳定性，但在帮部支护的稳定性都难以得到保证的前提下去提顶、底板支护优化明显不科学。

2.3.2　应力扰动下锚固体失效分析

锚杆支护兼具支护和加固的优势，自 20 世纪 50 年代就开始大范围应用于煤矿巷道的支护。在深部开采条件下，这些优势在一定程度上被弱化，主要原因

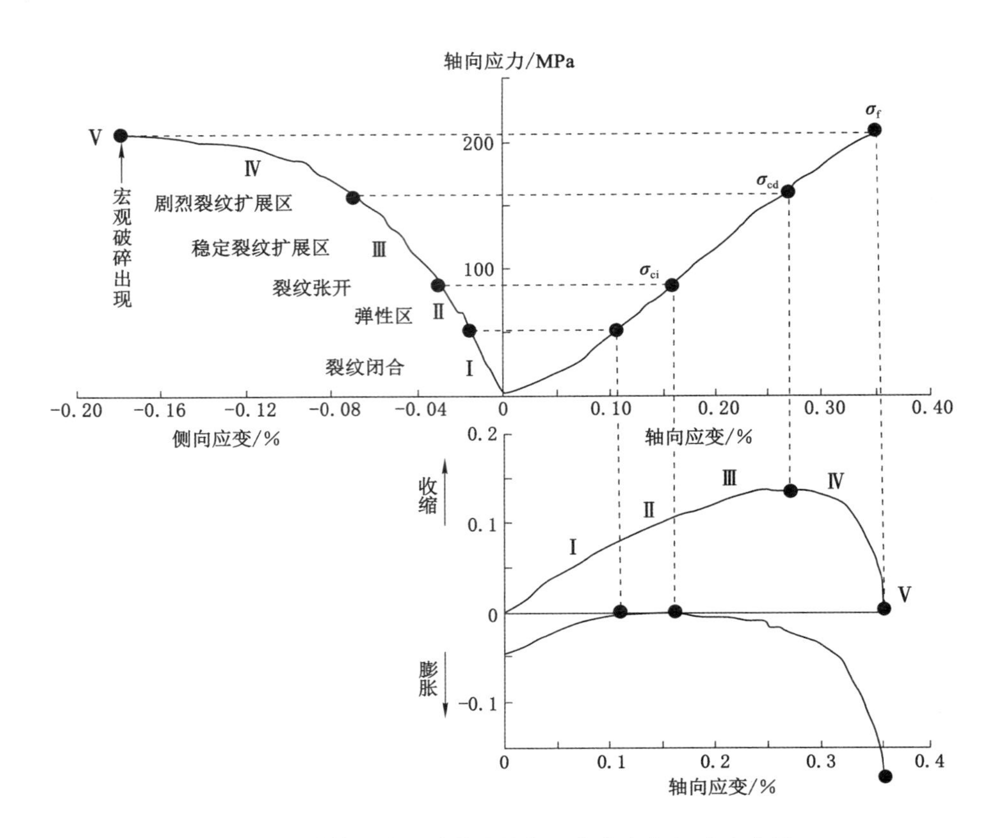

图 2-14 单轴压缩试验获取的典型花岗岩应力-应变曲线

是在“五高两扰动”的围岩条件下，煤(岩)体的变形出现一定的流变性、塑性倾向性，岩体变形量甚至会达到以往浅部工程的数十倍。这对锚杆支护提出了新的要求，要求锚杆与岩体的变形相协调，锚杆杆体材料不但要高刚高强，还要具备高阻让压和深部锚固性能。帮部煤(岩)体在相邻硐室开挖或者工作面推进等扰动应力作用下，内部裂隙逐渐扩展发育，最终导致锚固体失效。通过钻孔窥视仪和淮南某矿现场揭露失效锚杆来看，锚杆杆体被拉断的情况极少出现，大部分失效都是在煤(岩)体破碎部位发生，在此部位，锚固体发生局部单元性失效，如图 2-15 所示。

煤(岩)体是一种存在初始缺陷的介质，锚固体对这种介质锚固能力的大小体现在其是否具备这种修复性能。锚固体这种修复能力的丧失主要体现在以下几个方面，破坏形式如图 2-16 所示。

(1) 锚杆杆体的断裂，这种情况多发生在初始张拉不合理或者锚固对象变

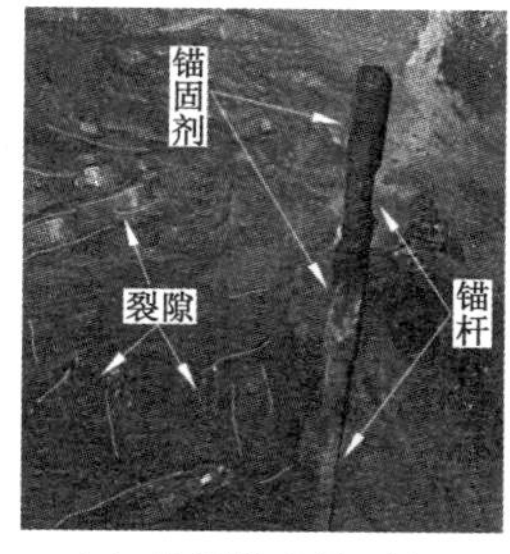

(a) 锚固体失效剥离

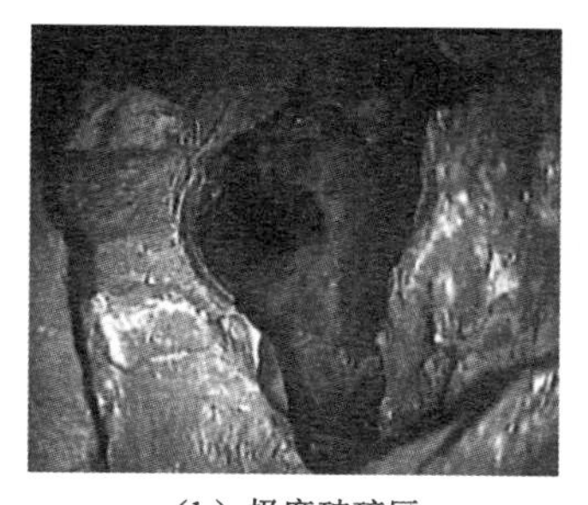
(b) 极度破碎区

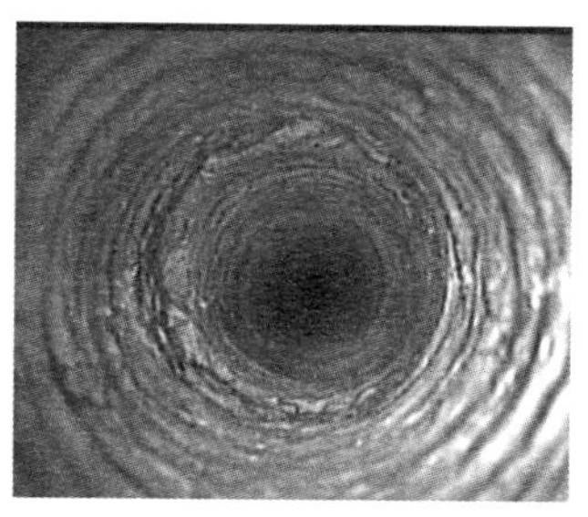
(c) 裂隙扩展区

图 2-15　锚固失效及煤帮煤体内部窥视图

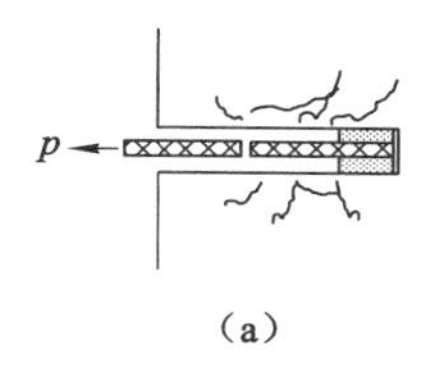

(a)

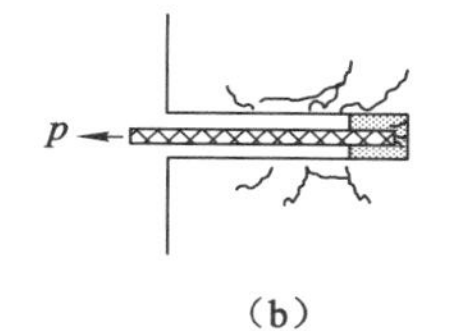

(b)

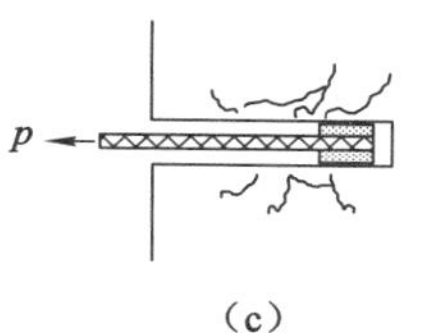

(c)

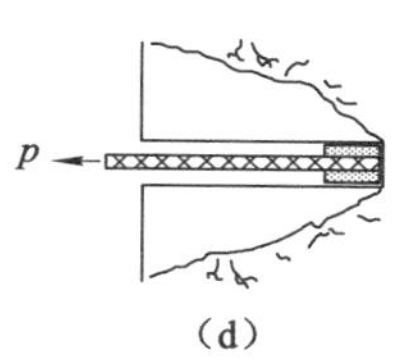

(d)

图 2-16　锚固体可能出现的失效形式

形量过大的情况下，以至于超出了锚固体的极限承载能力，使锚杆杆体发生塑性紧缩并断裂，如图 2-16(a)所示。这种情况在煤巷的锚固中较少出现。

(2) 锚杆杆体与锚固剂界面上发生滑移，当锚固剂与岩体界面的黏结力大于杆体与锚固剂界面的黏结力时，图 2-16(b)所示的失效形式是导致锚固失败的主要原因，一般发生于扰动应力较大而导致锚固体承载荷载过高的情形下。这种滑移起源位置一般位于锚固段尾部，而后逐级向深部方向蔓延。

(3) 锚固剂和岩体界面上发生滑移，如图 2-16(c)所示，这个界面上的失效多取决于两个方面的因素，分别是锚固剂的性能和被锚固对象的性能。此界面上受采动扰动较大，主要原因是工作面的推进影响煤(岩)体内部裂隙发育程度，致使被锚固对象弹性模量波动频繁，诸多煤矿支护失败现场后期揭露出的锚固体也都证实了这一界面上的滑移失效，如图 2-15(a)所示的例子，失效后的锚固剂表面沾染了一层非均质分布的煤屑，可见煤体强度过低是出现这一问题的原因之一，另外周边煤体上大范围的节理裂隙也是不可忽略的诱因。反之，如果锚固剂强度过低，揭露后的锚固体界面上不可避免地会出现诸多划痕。

(4) 整体破坏挤出，如图 2-16(d)所示，这种情况一般在煤巷支护中较少发生。在均质、低强度煤(岩)体锚固中，这种破坏形式呈现近漏斗形的拔出型破坏。在非均质裂隙发育煤(岩)体中，这种整体性破坏出现的概率极低。

基于以上分析，在泥质软岩巷道或者煤巷的支护中，失效有可能是上述四种形式的某几种的复合，这种假说是存在的。但确定的一点是锚杆杆体材料和锚固剂的弹性模量要大于周边煤（岩）体弹性模量。锚固体在发生失效时，失效主要发生在锚固界面上，此处的锚固界面可分为两类：其一是杆体-锚固剂界面，称为第一界面；其二是锚固剂-煤岩体界面，称为第二界面。已有研究均表明，第一界面和第二界面的最佳环形厚度一般为 6～12 mm[109]，此时锚杆能起到较好的主动支护作用。第二界面的失效对整个锚杆系统支护起着至关重要的作用，此节研究的重点应当放在第二界面的耦合问题和失效问题上。

国外学者 I. W. Farmer 以及 A. Holmberg 给出的锚固体界面侧阻力公式如下，该公式在国内外文献中应用较多，从而得到了广泛的验证[110]。

$$\tau(x) = \frac{\alpha}{2}\sigma \mathrm{e}^{-2\alpha\frac{x}{d}} \tag{2-40}$$

式中：$\alpha^2 = \dfrac{2G_\mathrm{r}G_\mathrm{re}}{E_\mathrm{b}\left[G_\mathrm{r}\ln\left(\dfrac{d}{d_\mathrm{b}}\right)+G_\mathrm{re}\ln\left(\dfrac{d_0}{d}\right)\right]}$，$G_\mathrm{r} = \dfrac{E_\mathrm{r}}{2(1+\nu_\mathrm{r})}$，$G_\mathrm{re} = \dfrac{E_\mathrm{re}}{2(1+\nu_\mathrm{re})}$；$\tau(x)$ 为距离锚固体外端 x 处的剪应力；d 为钻孔直径；σ 为锚固段尾部位置的轴向应力；E_b 为锚杆杆体的杨氏模量；E_r 为岩石的杨氏模量；E_re 为锚固剂的杨氏模量；ν_r 为岩体的泊松比；ν_re 为锚固剂的泊松比；d_0 为由于锚固作用在岩体内形成的影响直径；d_b 为锚杆杆体直径。

B. Benmokrane、何思明、尤春安等[111-113]的研究都表明界面的损伤过程分为三个阶段：弹性阶段、滑移阶段和脱黏阶段。锚固系统在超前工作面支承压力的一次影响下，并承受滞后采动留巷侧向压力和下一工作面二次扰动影响下，帮部煤体裂隙扩展，这种裂隙的扩展贯穿锚固系统，其对锚固系统的影响程度如何，需要在下面详细讨论分析。锚固系统初始安设后，第二界面处于弹性阶段，侧阻力分布符合指数式递减；但是在应力多次扰动下，锚固系统不可避免地首先在第二界面出现弱位失效，致使弹性状态失效并转化为近似塑性状态。它将从锚固体尾部（靠近托盘一端）开始，并逐步向锚固体端头方向（深入岩体方向）延伸，每一部分的状态转变都将依次经历上述三个阶段，并最终导致整个锚固系统失效。图 2-17 所示为考虑脱黏的典型锚固体侧阻力分布曲线，τ_0 为脱黏段的残余侧阻力，τ_m 为界面所能承受的最大侧阻力，$\tau(x)$ 为初始弹性阶段的侧阻力，每个阶段的特征分析如下：

（1）弹性阶段：即图 2-17 中区间 (x_2, l)，其中 l 为锚固段全长，在全长锚固方式中，为锚杆杆体长度减去外露长度。在锚固系统刚形成时，通过对锚杆张拉而产生初锚力，体现在托盘上为托锚力，体现在抑制围岩变形上则为黏锚力。此时煤岩体的变形量较小，不足以对界面黏结应力造成损伤，界面上的侧阻力呈指

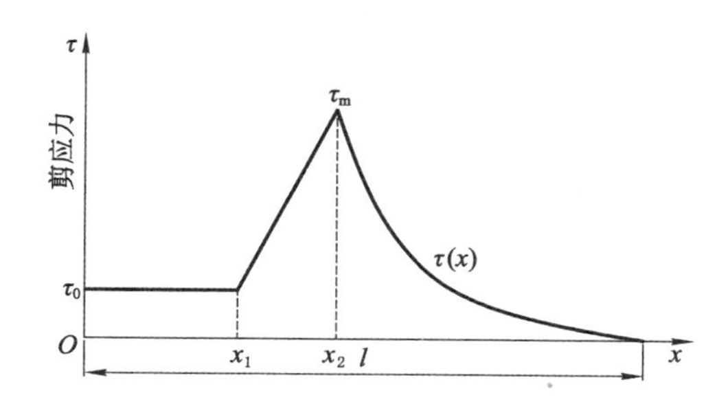

图 2-17　考虑脱黏的典型锚固体侧阻力分布曲线

数分布并向锚杆端头衰减，而锚固体的轴向应力与侧阻力之间满足静力平衡关系，在锚固体中取任一微段，如图 2-18 所示，则可推导出锚固体轴向应力。

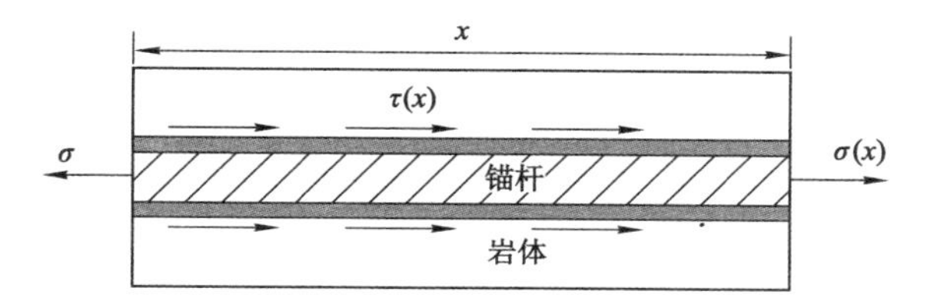

图 2-18　锚固体力学分析模型

水平方向上，根据静力平衡关系有：

$$\sigma(x)+\frac{\pi d\int_0^x \tau(x)\mathrm{d}x}{A}-\sigma=0 \tag{2-41}$$

式中：A 为锚固体的横截面积，$A=(\pi d^2)/4$；其他参数含义同前。

联立式(2-40)和式(2-41)，从而可求得 x 处的轴向应力 $\sigma(x)$ 为：

$$\sigma(x)=\sigma \mathrm{e}^{-2\alpha\frac{x}{d}}=\frac{2}{\alpha}\tau(x) \tag{2-42}$$

(2) 滑移阶段：即图 2-17 中区间(x_1,x_2)，当围岩变形量过大以致锚固系统无法抗拒时，维持原有弹性阶段将变得困难，界面开始发生损伤，但锚固剂的残余黏结强度作用仍对围岩具有约束力，因此这一阶段称为滑移阶段。

(3) 脱黏阶段：即图 2-17 中区间$(0,x_1)$，如果围岩持续变形，则围岩和锚固体界面的相对位移将超过二者保持黏结的极限位移，界面被彻底破坏，黏结力消失，即脱黏。但在滑移阶段和此阶段界面层会出现显著体积膨胀现象，对孔壁围岩产生挤压力，体现在界面层上为恒定的摩阻力。

针对图 2-17 中的不同阶段，为了方便接下来的分析，此处推导每一个阶段的剪应力和轴向应力公式。

① 脱黏阶段（$0\leqslant x<x_1$），结合图 2-17 中曲线和式（2-42），有：

$$\begin{cases}\tau(x)=\tau_0\\ \sigma(x)=\sigma-\dfrac{4\tau_0 x}{d}\end{cases}\tag{2-43}$$

② 滑移阶段（$x_1\leqslant x<x_2$），同理，有：

$$\begin{cases}\tau(x)=\tau_0+\dfrac{\tau_m-\tau_0}{\Delta}(x-x_1)\\ \sigma(x)=\sigma-\dfrac{2}{d}\left[2\tau_0 x-\dfrac{\tau_m-\tau_0}{\Delta}(x-x_1)^2\right]\end{cases}\tag{2-44}$$

式中：$\Delta=x_2-x_1$；其他符号含义同前。

③ 弹性阶段（$x_2\leqslant x<l$），联立式（2-41）～式（2-44），有：

$$\begin{cases}\tau(x)=\tau_m e^{-2\alpha(\frac{x-x_2}{d})}\\ \sigma(x)=\dfrac{2}{\alpha}\tau_m e^{-2\alpha(\frac{x-x_2}{d})}\end{cases}\tag{2-45}$$

由于图 2-17 中曲线具备连续性，在 $x=x_2$ 时，联立式（2-44）、式（2-45）中第二式并使其右端相等，有：

$$x_2=\frac{d}{4\tau_0}\left[\sigma-\frac{2\tau_m}{\alpha}+\frac{2}{d}(\tau_m-\tau_0)\Delta\right]\tag{2-46}$$

持续采动应力环境下，帮部煤体内部裂隙由起初的闭合向扩展趋势转变，煤体的宏观剪胀特征愈发明显，而后内部裂隙汇合延伸。裂隙贯穿锚固系统后，锚固系统的界面黏结应力将因为横穿的裂隙而发生彻底改变，如图 2-19 所示。原始的应力分布将发生本质上的改变，单一向锚固端部的弹性下降性曲线将因为裂隙而出现新的分布形式，如果界面此时的侧阻力没有超过极限阻力，那么界面就无失效发生，裂隙两侧将处于原始的弹性状态。为了使界面弹性耦合状态被改变前裂隙宽度最大化，此处取临界状态为裂隙两侧的侧阻力刚好达到极限侧阻力 τ_m。

以裂隙出现的位置为零点建立坐标轴，如图 2-19 所示，此时裂隙两侧界面上对应的最大侧阻力为 τ_m，最大轴向应力为 σ_{b0}，结合式（2-42），则此处对应的轴向应力为：

$$\sigma_{b0}=\frac{2\tau_m}{\alpha}\tag{2-47}$$

式（2-47）为界面损伤前锚固体内的最大轴向应力，则脱黏前裂隙最大宽度 δ_{Jmax} 为：

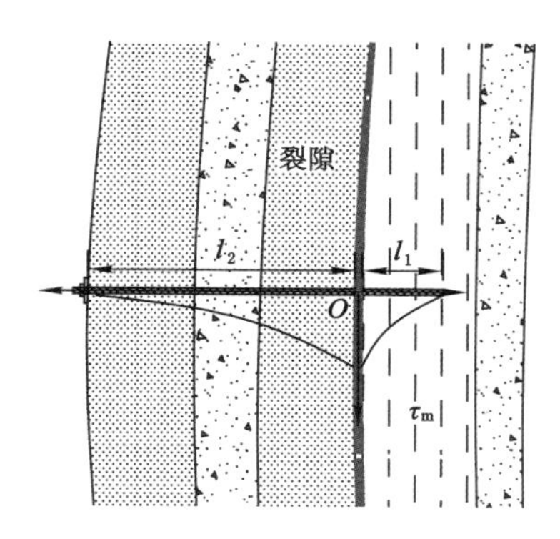

图 2-19　裂隙两侧弹性界面侧阻力分布曲线

$$\delta_{\mathrm{Jmax}} = \delta_1 + \delta_2 = \frac{1}{E_c}\int_0^{l_1}\sigma(x)\mathrm{d}x + \frac{1}{E_c}\int_0^{l_2}\sigma(x)\mathrm{d}x \tag{2-48}$$

其中，E_c 可表示为[114]：

$$E_c = E_b\left(\frac{d_b}{d}\right)^2 + E_{re}\left(1 - \frac{{d_b}^2}{d^2}\right) \tag{2-49}$$

式中：δ_1 为零点上方的裂隙宽度，由图 2-19 中 l_1 段锚固段造成；δ_2 为零点下方的裂隙宽度，由图 2-19 中 l_2 段锚固段造成；E_c 为锚杆和锚固剂所形成锚固体的复合杨氏模量；其他符号含义同前。

此处引入系数 n，$n=1/d$，锚固体直径等于钻孔直径，即 $1\gg d$。一般而言，矿用锚杆规格为 M24-ϕ22-2 800 mm 或 M22-ϕ20-2 500 mm，满足上述条件，则式(2-48)转化为：

$$\delta_{\mathrm{Jmax}} = \frac{\mathrm{d}\sigma}{E_c\alpha} \tag{2-50}$$

不难看出，裂隙最大宽度 δ_{Jmax} 和两侧锚固段长度没有关系。可见，尽管沿空留巷工程中帮部围岩受到多次复合应力扰动，不管是超前段还是留巷段，这种频繁的应力扰动都具有长时性、反复性、叠加性，围岩内部不可避免地会出现裂隙，但是只要锚固体和岩体弹性界面没有损伤，锚固系统所能承受的裂隙最大宽度就是固定的，而与裂隙所处的位置没有关系。

随着围岩的持续流变，由于围岩破碎导致出现的裂隙不可能保持上述提及的极限宽度 δ_{Jmax} 不变，只要外界的应力扰动还存在，它就会继续增大，进而导致界面失效，即脱黏情况出现。但是脱黏是逐步导致的，考虑到裂隙的位置不同，所带来的侧阻力分布形式也不同，一般情况的脱黏发展阶段为弹性阶段—滑移阶段—脱黏阶段。基于锚固体加固修复围岩的机理，裂隙产生的位置不同，对锚固系统的影响程度也不同。现有研究表明，锚固系统的端部发生围岩破碎时，是对锚固效果最为不利的，这相当于锚固体的受力基础出现失效。现就裂隙出现在最不利的位置进行分析。

当裂隙发生在锚固体近端部位置时，依据早期学者 Louis A. Panek 提出的层状岩体悬吊理论，锚固体尾部到裂隙的大部分岩体的加固都被裂隙右侧界面所承受，如图 2-20 所示。此时裂隙左、右两部分锚固体长度不一，脱黏后侧阻力的分布也是不对称的。当超过界面的极限侧阻力 τ_m 后，较短的延伸距离和原本右侧承受的大部分岩体加固效应将直接导致界面状态由当初的弹性阶段瞬间转化为脱黏阶段，而跳过中间的滑移阶段。但裂隙左侧的锚固体的界面一方面有较长的延伸距离，另一方面原本起到的作用也是辅助端部加固的作用，该侧就算损伤也仍将遵循弹性阶段—滑移阶段—脱黏阶段的动态演化过程，最终整体侧阻力的分布如图 2-20 所示。

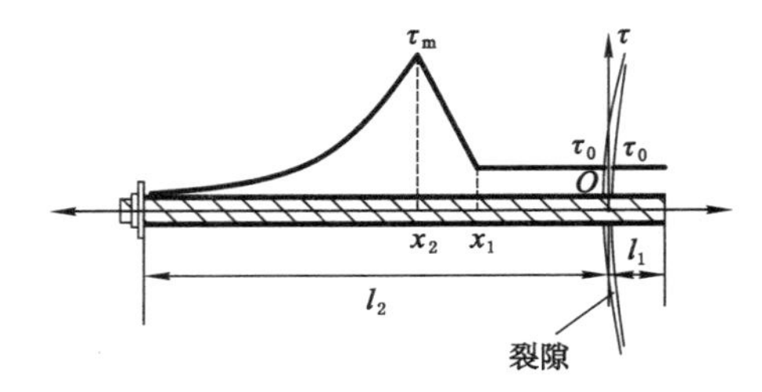

图 2-20　锚固体近端部的侧阻力分布曲线（裂隙在端部）

依据图 2-20，裂隙右侧界面由于过大的轴向应力已经损伤并完全转化为脱黏阶段，侧阻力保持恒定值 τ_0。左侧界面也由于过大的岩体变形导致侧阻力超限而发生部分脱黏，弹性阶段左移至 x_2 位置，并同时引发滑移阶段和脱黏阶段出现。此时裂隙的宽度为左、右两侧锚固体伸长量的总叠加值，即：

$$\delta_{Ja} = \int \varepsilon \mathrm{d}x = \frac{1}{E_c}\int \sigma(x)\mathrm{d}x \tag{2-51}$$

其中右侧伸长量为：

$$\delta_{1a} = \frac{1}{E_c}\int_0^{l_1}\sigma(x)\mathrm{d}x = \frac{1}{E_c}\int_0^{l_1}(\sigma - \frac{4\tau_0 x}{d})\mathrm{d}x$$

$$= \frac{1}{E_c}l_1(\sigma - \frac{2\tau_0 l_1}{d}) \tag{2-52}$$

左侧锚固体的总伸长量为弹性区、滑移区和脱黏区的伸长量之和，联立式(2-43)～式(2-46)，有：

$$\delta_{2a} = \frac{1}{E_c}\left[\int_0^{x_1}\sigma(x)\mathrm{d}x + \int_{x_1}^{x_2}\sigma(x)\mathrm{d}x + \int_{x_2}^{l_2}\sigma(x)\mathrm{d}x\right]$$

$$
\begin{aligned}
&= \frac{1}{E_c}\left\{\int_0^{x_1}(\sigma - \frac{4\tau_0 x}{d})\mathrm{d}x + \int_{x_1}^{x_2}\left\{\sigma - \frac{2}{d}\left[2\tau_0 x - \frac{\tau_m - \tau_0}{\Delta}(x - x_1)^2\right]\right\}\mathrm{d}x + \right.\\
&\left.\int_{x_2}^{l_2}\frac{2}{\alpha}\tau_m \mathrm{e}^{-2\alpha(\frac{x-x_2}{d})}\mathrm{d}x\right\}\\
&= \frac{1}{E_c}\left\{x_1(\sigma - \frac{2\tau_0 x_1}{d}) + \Delta\left[\sigma - \frac{2\tau_0}{d}(x_1 + x_2) + \frac{2(\tau_m - \tau_0)\Delta}{3d}\right] + \right.\\
&\left.\left[-\frac{d\tau_m}{\alpha^2}(\mathrm{e}^{-2\alpha\frac{l_2 - x_2}{d}} - 1)\right]\right\}
\end{aligned}
\tag{2-53}
$$

故有：

$$
\begin{aligned}
\delta_{Ja} &= \delta_{1a} + \delta_{2a}\\
&= \frac{1}{E_c}\left\{l_1(\sigma - \frac{2\tau_0 l_1}{d}) + x_1(\sigma - \frac{2\tau_0 x_1}{d}) + \Delta\left[\sigma - \frac{2\tau_0}{d}(x_1 + x_2) + \right.\right.\\
&\left.\left.\frac{2(\tau_m - \tau_0)\Delta}{3d}\right] + \left[-\frac{d\tau_m}{\alpha^2}(\mathrm{e}^{-2\alpha\frac{l_2 - x_2}{d}} - 1)\right]\right\}
\end{aligned}
\tag{2-54}
$$

注意式(2-54)大括号中最后一项，在界面脱黏起始阶段，满足 $l_2 - x_2 \gg d$，从而最后一项简化为 $d\tau_m/\alpha^2$。即：

$$
\begin{aligned}
\delta_{Ja} = \frac{1}{E_c}&\left\{l_1(\sigma - \frac{2\tau_0 l_1}{d}) + x_1(\sigma - \frac{2\tau_0 x_1}{d}) + \right.\\
&\left.\Delta\left[\sigma - \frac{2\tau_0}{d}(x_1 + x_2) + \frac{2(\tau_m - \tau_0)\Delta}{3d}\right] + \frac{d\tau_m}{\alpha^2}\right\}
\end{aligned}
\tag{2-55}
$$

在脱黏阶段裂隙已经充分发育且裂隙左侧界面近乎全部损伤时，$l_2 \approx x_2$，此时最后一项为 0。即：

$$
\delta_{Ja} = \frac{1}{E_c}\left\{l_1(\sigma - \frac{2\tau_0 l_1}{d}) + x_1(\sigma - \frac{2\tau_0 x_1}{d}) + \Delta\left[\sigma - \frac{2\tau_0}{d}(x_1 + x_2) + \frac{2(\tau_m - \tau_0)\Delta}{3d}\right]\right\}
\tag{2-56}
$$

在式(2-54)的基础上，为了进一步研究锚固体支护强度、裂隙宽度以及脱黏区长度三者之间的耦合关系，此处引入淮南矿业集团朱集煤矿 1111(1)工作面轨道平巷部分锚杆的支护参数和该轨道平巷的顶板岩体参数，如表 2-3 所列，最终三者之间的关系曲线如图 2-21 所示。

表 2-3　锚固体及岩体相关参数

E_b/MPa	E_{re}/MPa	E_r/MPa	E_c/MPa	l/m	d/mm	d_b/mm	Δ/m
3.00×10^5	1.60×10^4	2.50×10^4	5.97×10^4	2.80	34.00	22.00	0.1
d_0/m	τ_0/MPa	τ_m/MPa	G_r/MPa	G_{re}/MPa	ν_r	ν_{re}	α
0.80	0.8	8.0	9.6×10^3	5.7×10^3	0.30	0.40	4.04

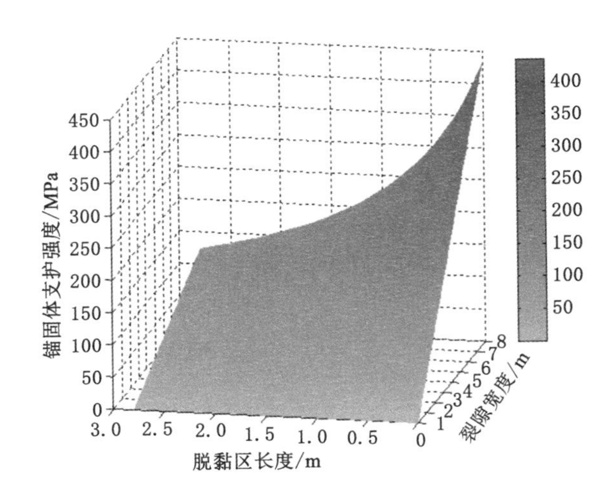

图 2-21 锚固体支护强度、裂隙宽度和脱黏区长度之间的关系曲线

根据图 2-21，裂隙宽度 δ_{Ja} 较小时，锚固体界面就开始损伤了，脱黏发生并逐渐向裂隙两侧延伸，这与 W. F. Bawden 和 B. Stillborg 等[115-116]的研究成果相吻合。而且，随着裂隙宽度的进一步增大，锚固体的支护强度随之增大，且增长速度越来越大，最终锚固体的支护强度达到最大值(0.43 MPa)，但这个值对于深井煤矿支护稍稍偏于安全。

从锚固机理上来分析，锚固体端部起到主要锚固作用，这部分主要限制了表面破碎岩体进一步向开挖空间移动，这部分一旦脱黏，对整个锚固系统的稳定性将产生极大影响，然而其锚固体所能达到的最大支护强度也仅是稍大于安全支护强度，裂隙较小的时候，甚至小于安全支护强度，故对整个煤(岩)体实质上是没有起到有效加固作用的。

脱黏区的长度 x_1 和锚固体支护强度之间的关系则符合以下规律：随着脱黏区的扩展，即 x_1 逐渐增大，锚固体的轴向应力呈类指数形式下降趋势。考虑到一般煤矿用锚杆的长度为 2 500 mm 或者 2 800 mm，从图 2-21 中可以看出，当 x_1 达到近 3 m 的时候，即整个锚固体界面完全损伤转为脱黏阶段，但相应支护强度并不为零，而是降到了最低点，这再次证明脱黏后由于界面之间的凹凸不平以及锚固剂和煤(岩)体在损伤过程中的膨胀效应，对煤(岩)体存在压力，从而仍然有摩阻力存在，也就还能提供一定的支护力。当然，此时的支护强度已经远远低于安全支护强度了。

式(2-54)中最后一项，即 $d\tau_m/\alpha^2$，对整体拟合曲线的影响非常小，其对锚固体支护强度的影响程度可以忽略。证明在由于裂隙引发的锚固体伸长量中，弹性区贡献的伸长量与整体伸长量相比是非常小的，可以忽略不计，伸长量大部分是由于脱黏区和滑移区的锚固体拉长效应所提供的。

以上所述是裂隙在锚固系统近端部发育时候的情形，此种情形是最为不利的。当裂隙在锚固系统中部和尾部发育时，对锚固系统的锚固能力影响程度要稍趋于缓和，求解过程和上述在锚固系统近端部发育时的分析过程类似。然而，在煤体内部裂隙的发育将受到弱面的干扰，裂隙的分布形式也是随机的，多条裂隙可能同时贯穿整个锚固系统，这是上述裂隙发育在不同位置时候的叠加，过程要复杂很多。但确定的一点是在这种情形下，整个锚固系统将很快失效，体现在帮部内错位移加大，变形难以控制，锚固系统的修复作用得不到有效实施等方面。

2.4　本章小结

(1) 根据现场观测结果分析了沿空留巷帮部围岩破坏产生、发展规律，确定沿空留巷存在采动影响剧烈段、采动影响缓和段及采动影响趋稳段。滞后工作面沿空巷道煤帮侧围岩深表比衰减缓慢，且随着滞后距离的增加这一趋势越发明显，表明围岩损伤区域由表面逐步扩展到内部。

(2) 松软易碎的煤帮及无支护、低强度底板在受到应力扰动之后，是围岩内部损伤最严重的部位，承载能力严重下降，成为承载性能弱化区域。沿空留巷煤帮的承载性能对底板、顶板稳定性有重要影响，留巷后沿空巷道围岩稳定的关键点之一在于保持煤帮的稳定。

(3) 基于极限平衡原理并考虑煤体的应变软化特征分析了采动应力、巷道高度、煤层及煤(岩)界面物理力学参数、锚注加固等对煤帮损伤深度的影响。通过锚注加固可以显著减小围岩损伤深度，其中影响最大的两个因素是加固区宽度的增加、加固区围岩整体单轴压缩残余强度的提高。

(4) 理论分析表明：采动应力导致煤体内产生大量的裂隙，并使新、旧裂隙逐步扩展。围岩裂隙宽度较小时，锚固体就开始受到损伤，锚固剂与围岩黏结界面发生脱黏并逐级向裂隙两侧延伸，随着脱黏区的扩展，锚固体的轴向应力呈类指数形式下降趋势。这说明工作面回采的强烈扰动将会导致锚固结构承载能力严重下降，无法在留巷后高采动应力的环境下保持围岩的长期稳定。

第3章　破裂煤体注浆固结承载性能恢复试验

煤体是由煤块和结构面组成的复杂地质体，其完整性受到结构面的制约。受多次采掘活动影响，沿空巷道煤帮内长时间具有应力集中现象。采动应力导致煤帮内产生大量裂隙，并使裂隙及煤体内原生的缺陷不断扩展。注浆加固可以胶结破碎围岩，提高围岩整体的力学性能，弱化破裂岩块之间的应力集中现象，使破碎围岩重新形成承载结构。同时，注浆可以修复受损锚固体，使围岩-锚固系统充分发挥主动支护的能力。本章主要工作是测试水泥基注浆材料在不同水灰比条件下的物理力学参数，为巷道注浆加固选择合适的材料及水灰比提供依据；进行基于水泥基及高分子注浆材料的破裂煤样注浆固结体承载性能试验，并分析其力学强度、受力变形及再破坏特征、规律。

3.1　破裂煤体注浆固结体强度测试

完整煤体试件在单轴压缩试验的作用下，主要经历裂隙压密阶段、间隙调整阶段、弹性阶段、应变软化阶段、塑性流动阶段[117]。受压试件内部应力超过其强度之后即会产生塑性变形，进入应变软化状态。在这一阶段，试件内部会产生大量微小裂隙，并互相连通为较大裂隙，最终导致试件产生宏观破坏。本节主要研究内容为根据煤体的全应力-应变曲线以及峰后试件在各种注浆材料加固后的应力-应变曲线，通过对比得到峰后煤体试件注浆加固后的力学性能参数，从而分析其注浆加固效果。

3.1.1　试验装置与材料

本次试验在中国矿业大学煤炭资源与安全开采国家重点实验室的 MTS 815.03 电液伺服岩石试验系统和自制的承压注浆装置上进行。为模拟现场注浆加固过程，作者特别设计制作了适合于水泥基注浆材料及高分子注浆材料加固破碎煤体的注浆模具。模具的设计加工是实现破裂煤体峰后强度注浆恢复试验的关键环节，为此模具设计制作时作者考虑了注浆材料的黏性、析水率、膨胀性、渗透性等多个因素。经过多次设计试验，作者研制出了可以满足水泥基和高分子注浆材料注浆特性的注浆系统，如图 3-1 所示。该系统主要由两部分组成：动力源与注浆加固试验模具。其中水泥基浆液动力源为济南圣峰公司生产的 SZ-1 型手动注浆泵，最大注浆压力为 2.0 MPa；有机材料注浆动力系统是压力为 2.0 MPa 的压缩空气。加固模具由上顶盖、圆形钢管、下底盖及其他连接配件组成，为保证注浆过程的密封性，在各部分之间增加密封圈。上顶盖上有进料和排气两个焊接管，使得模具内的空气可以排出。模具可以制作峰后注浆 ϕ50 mm×100 mm 岩样。

图 3-1　自制注浆加固模具及注浆泵

加固材料有 3 种，分别为 P·O42.5 硅酸盐水泥、1 250 目超细水泥与高分子化学注浆材料美固 364。3 种注浆材料的基本性能如表 3-1 所示。

表 3-1　试验用注浆材料基本信息

项目	P·O42.5 硅酸盐水泥	1 250 目超细水泥	高分子化学注浆材料美固 364
抗压强度/MPa	32.5	51.58	55.75
凝结时间/min	235	220	2
膨胀系数	<1	<1	1
综合性能	早强性差，适用于劈裂注浆或者一般的围岩裂隙加固注浆	早强、渗透性能优于普通硅酸盐水泥，适用于细密裂隙的注浆加固	凝结快、强度高，有极强的渗透性，适用于急速涌水封堵和加固治理

3.1.2　破碎煤样注浆加固试验过程

为了研究煤体破裂后注浆加固效果，采用注浆加固试验系统进行了峰后破碎煤样注浆加固试验。水泥基材料水灰比分别为0.7、0.8、1.0，每种加固材料分别测试3个试块，总计21块。试验分两步进行：第一步为常规试验，主要测定完整试样的抗压强度、轴向变形、应力-应变曲线，以求得完整煤样的力学参数；第二步是把单轴压缩破裂后的岩石试样进行注浆固结，然后进行单轴压缩试验，测量注浆固结体的强度和轴向变形，通过试验结果分析得出破裂岩体强度恢复效果，对加固效果进行比较分析。具体的试验步骤为：

（1）现场取样后，在岩石力学实验室制成标准煤单轴抗压强度试样，试样尺寸为ϕ50 mm×100 mm。

（2）利用MTS压力试验机测定完整煤样单轴抗压强度和轴向及侧向变形。

（3）把试验后的破裂试样根据加固材料分组，按不同加固方法制备注浆固结体试样。对于P·O42.5硅酸盐水泥及1 250目超细水泥，按照设计水灰比将浆液搅拌均匀。先把受压破裂试块放入注浆模具，然后倒入水泥浆并淹没试件。盖上模具盖后启动注浆泵对注浆模具进行加压直到压力达到2 MPa后停止加压。维持2 MPa的压力3～5 min，然后卸载。注浆结束后将试件从模具内取下，拭去多余的浆液。放在常温下养护2～3周，待水泥浆达到最高强度。

对于高分子化学注浆材料美固364，首先将破裂试件放入缸内，同时按照1∶1比例混合并搅拌高分子化学注浆材料美固364的双组分。在材料未凝结时将浆液浸没试件并装满缸体，而后迅速接通压缩空气进行注浆。由于高分子化学注浆材料具有速凝性能，注浆固结体等待数分钟后即可开始强度试验。

（4）对注浆固结体进行打磨修整并进行单轴抗压试验，记录应力-应变全过程及轴向侧向变形曲线。车床打磨修整高分子注浆固结体如图3-2所示。

图3-2　车床打磨修整高分子注浆固结体

3.1.3　试验结果及承载性能恢复情况分析

本书中将固结体强度与岩样残余强度的比值定义为固结系数，与岩样初始抗压强度的比值定义为恢复系数。试验得到了不同水灰比 P·O42.5 硅酸盐水泥浆、1 250 目超细水泥浆和高分子化学注浆材料美固 364 注浆加固前后煤样的力学参数，见表 3-2。

通过分析完整试件及注浆固结体试件应力-应变关系(表 3-3)可以得到如下结论：

(1) 试件经单轴加载至破坏到达残余阶段后经各种注浆材料固结。固结体较固结前的峰后状态残余强度有大幅度提高，单轴抗压强度有所恢复，通过对比分析可以发现总体上经过 P·O42.5 硅酸盐水泥、1 250 目超细水泥、高分子化学注浆材料美固 364 注浆加固后试件的固结系数与强度恢复系数依次提高。当水灰比为 0.8 时，P·O42.5 硅酸盐水泥与 1 250 目超细水泥加固后破裂煤样试件的固结系数与强度恢复系数平均为 2.55、2.15 及 31.43%、57.11%；高分子化学注浆材料美固 364 加固后破裂煤样试件的固结系数与强度恢复系数平均为 5.28 与 85.51%。

(2) 对于同一种水泥基注浆材料，随着水灰比的增加，注浆固结体强度逐步降低，加固效果逐渐减弱。然而试验中作者同时注意到高水灰比的浆液黏性更低，流动性更强，容易渗透到微小裂隙之中。水灰比过高时，浆液析出的水分反而会弱化煤体，降低煤体承载能力；水灰比过低时，浆液流动性不佳，影响浆液渗透范围。加固效果与流动性达到平衡才能实现最佳加固效果。试验得出 P·O42.5 硅酸盐水泥最佳水灰比为 0.6～0.7，1 250 目超细水泥最佳水灰比为 0.8。

(3) 浆液颗粒度对注浆加固效果有直接的影响。当前煤矿巷道注浆属于低压力注浆，浆液流动以渗透灌浆为主，在 1～2 MPa 的压力作用下注入煤(岩)体原有裂隙之中。浆液的可注入裂隙宽度是浆液最粗颗粒直径的 3 倍左右[118]。与 P·O42.5 硅酸盐水泥相比较，1 250 目超细水泥颗粒度仅为前者的 1/10 左右，可注入的裂隙数量也大大增加。同时 1 250 目超细水泥析水率低，在水灰比超过 1.0 后才有明显析水现象，而 P·O42.5 硅酸盐水泥在水灰比为 0.7 以上时即有明显析水现象。1 250 目超细水泥的低析水率性能可以降低浆液中水分对煤(岩)体的弱化作用。

(4) 高分子化学注浆材料美固 364 较水泥基浆注浆材料有更优异的加固性能。良好的渗透性能及黏结强度使之将岩石内部的裂隙损伤充填并以较高强度黏结裂隙面两侧。高分子材料注浆会在固结过的破裂围岩内部形成网状结构，起到骨架作用，将破碎围岩胶结成连续的、具有高度承载性能的整体。

表 3-2　破裂煤样承载性能注浆恢复测试结果

编号	浆液	水灰比	抗压强度/MPa	残余强度/MPa	固结体强度/MPa	固结系数	强渡恢复系数
1	P·O42.5硅酸盐水泥	1.0	19.50	2.84	8.19	2.88	41.98%
2			24.63	2.50	7.52	3.01	30.54%
3			16.01	2.04	5.36	2.63	33.48%
4		0.8	11.45	2.73	5.33	1.95	46.54%
5			26.74	—	0.54	—	2.01%
6			22.92	3.32	10.49	3.16	45.76%
7		0.7	19.19	5.37	8.83	1.64	46.02%
8			16.51	5.80	4.65	0.80	28.19%
9			8.30	2.98	3.83	1.29	46.14%
10	1 250目超细水泥	1.0	21.34	1.62	9.48	5.87	44.44%
11			19.59	2.09	9.13	4.36	46.62%
12			20.66	—	16.14	—	78.12%
13		0.8	21.97	5.51	13.27	2.41	60.39%
14			17.46	3.75	3.63	0.97	20.81%
15			14.69	4.31	13.24	3.07	90.13%
16		0.7	15.50	3.02	12.94	4.29	83.45%
17			14.75	—	6.79	—	46.05%
18			18.74	5.36	8.51	1.59	45.43%
19	高分子化学注浆材料美固364	—	17.03	2.72	17.60	6.47	103.35%
20			21.10	3.15	14.19	4.51	67.27%
21			20.60	3.64	17.70	4.86	85.91%

表 3-3　完整试件及注浆固结体试件应力-应变关系

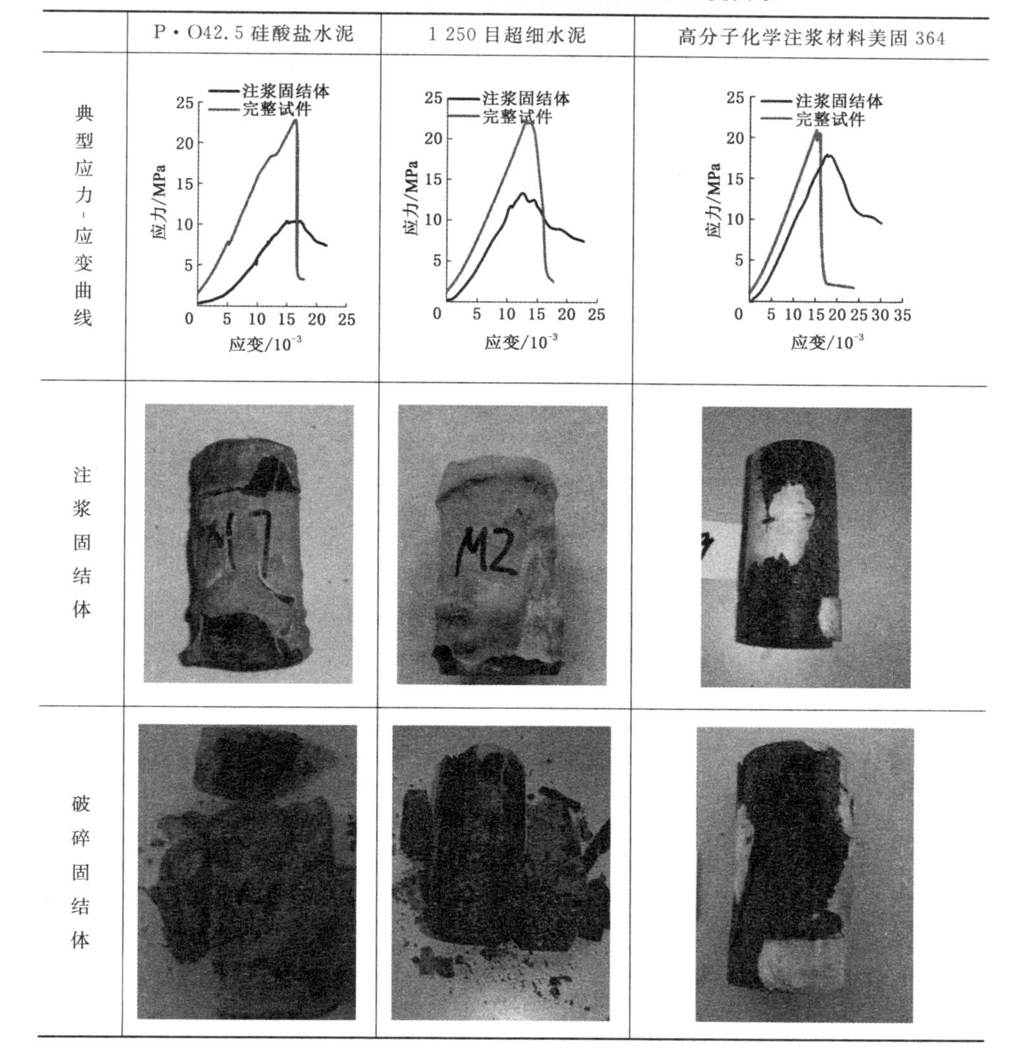

	P·O42.5 硅酸盐水泥	1 250 目超细水泥	高分子化学注浆材料美固 364
典型应力-应变曲线			
注浆固结体			
破碎固结体			

3.2　注浆固结体力学性能分析

一般认为，注浆对破碎围岩的加固效果体现在提高破碎围岩的峰后强度，胶结破碎围岩形成承载结构与封闭围岩，防止水及空气对围岩造成长期破坏。通过分析各种情况下注浆固结体变形破坏特征，可以得出不同注浆方法对围岩的加固作用机理。

3.2.1 固结体承载能力恢复原因分析

处于单轴抗压强度试验峰后阶段的试件沿着轴向破裂为数个小块体，各个块体间的摩擦、铰接使得破碎试件仍然具有承载能力。基于材料剪切破坏的莫尔-库仑强度准则在较低围压及单轴压缩的情况下适用于岩石的强度分析，且峰后强度也服从这一准则[119]。分析煤岩试件破坏特征可以认为，单轴压缩破坏试件承载能力降低的根源在于试件的剪切破坏[120]。

如前文所述，注浆加固后破裂试件是含有缺陷的破裂岩块，其破坏原因主要是剪切滑移。因此，加固后弱面上的应力状态可以用裂隙岩石的抗剪强度包络线来表示[121]，如图 3-3 所示。

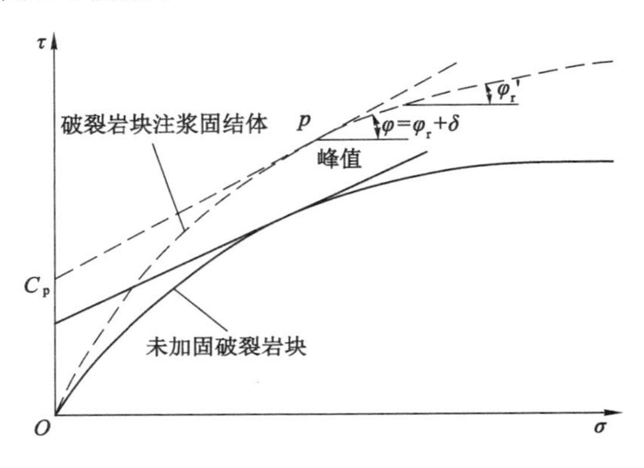

图 3-3 注浆固结提高破碎煤岩裂隙面承载能力

如果裂隙粗糙，加固后破裂面的剪切滑移受到膨胀的影响，如果侧向约束力足够大或裂隙比较光滑则膨胀较小。一般巷道浅部围岩应力较低，处于低侧向约束区域。到达临界状态之前剪切面上的应力方程为[122]：

$$\tau = \tan\varphi_p\sigma + [3C_p/\sigma_p^2 - \tan(\varphi_p - \varphi_r)]\sigma^2 + [\tan(\varphi_p - \varphi_r)\sigma_p^2 - 2C_p/\sigma_p^3]\sigma^3 \tag{3-1}$$

$$\varphi_p = \delta_0 + \varphi_r \tag{3-2}$$

式中 C_p——黏聚力；

σ_p——临界正应力；

φ_p——界面滑动之前内摩擦角；

δ_0——初始膨胀角；

φ_r——剩余内摩擦角。如果膨胀角为 0，则滑动前、后内摩擦角相同。

界面滑动后强度方程为：

$$\tau = C_p + \tan \varphi_r \sigma \tag{3-3}$$

根据以上分析可知固结体承载能力恢复的主要原因包括：

（1）提高原有裂隙面抗剪能力。原有裂隙面是碎裂煤（岩）体的一个弱面，是碎裂煤（岩）体再破坏的控制面。浆液渗透到裂隙内部之后可以充填胶结原有裂隙，提高了破裂面的黏聚力和内摩擦角，使其抗剪能力得到了提高。原有破裂面之间原有的摩擦力作用转变为摩擦-黏结双重作用。这种作用可以阻止破裂岩块各部分的进一步滑移、错动乃至失去承载能力。

（2）均化应力，阻止原有裂隙进一步扩展及连通。完整岩块破裂后变成互相铰接的多个不连续块体，各块体之间往往为点接触或线接触，应力集中现象非常明显。当产生应力集中位置应力超过该位置的许用应力后岩块内将会有新的裂隙或扩展原有裂隙。浆液充填到破裂岩块裂隙之后各个破碎块体受力状态得到改善，改变原有裂隙扩展路径使变形更趋向均化。

（3）加固破碎区域，重新形成承载整体。受力加载过程中，在岩块中强度较低的部分将会首先形成小裂隙，进而逐步扩展连通成为破裂面。在岩块破坏全过程中将会形成大量的裂隙发育区域，各裂隙之间连通率高、渗透性能好。注浆过程中这类薄弱位置将会优先得到注浆固结，从而使得这些部位的物理力学性能得到改善，并使得试件整体抵抗破坏的能力得到均化并成为一个承载整体。

3.2.2　固结体变形特征分析

根据全应力-应变曲线，完整煤（岩）体受载超过单轴抗压强度后，其承载能力会突然降低。然而无论采用何种注浆材料，都与完整煤样不同，在注浆固结体受压至破坏的全过程中，无峰后围岩强度突然降低的现象。当注浆固结体受载达到其抗压强度后，其应力-应变曲线是逐步缓慢下降的。这表明注浆导致围岩的延展性增加，有更强的抗变形能力和可塑性。即注浆后的围岩即使承受较大变形也可保持一定的承载能力。

图 3-4 是水灰比为 0.8 条件下，1 250 目超细水泥注浆固结体全加载过程中泊松比变化情况。从图中得出，当试件受到的轴向应力达到其单轴抗压强度而破坏之后，其泊松比迅速增加。这是因为试件产生了沿破裂面的滑移错动，侧向变形迅速增加，致使滑移面两侧的破碎岩块铰接逐步弱化甚至失效，这就是完整试件受压破坏后强度迅速降低的原因。而注浆固结体的泊松比小于完整破坏后的试件，这表明注浆固结后破碎岩块可以形成具有协调承载能力的整体，稳定性得到提高。注浆加固一方面可以胶结破裂面使破碎岩块重新形成一个整体；另一方面可以充填裂隙面使裂隙两侧的滑动摩擦和咬合得到加强，从而均化应力

并提高承载能力。

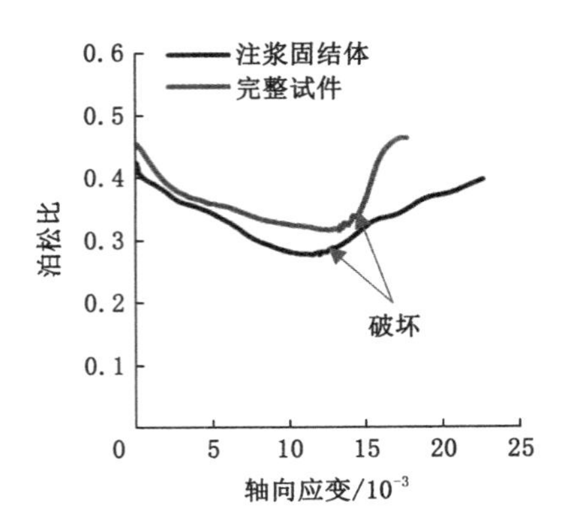

图 3-4　加固前后固结体泊松比变化

同时，固结体的全应力-应变曲线在峰前段存在小幅度的波动、降低，不像完整试件在峰前段呈现出平滑增加的趋势。对比各注浆材料的固结体应力-应变曲线可以发现，加固效果越弱的注浆材料这一现象越明显。造成这一现象的原因可能是浆液中的气泡、浆液析水、未充填裂隙、浆液凝固收缩等多重因素。

3.2.3　固结体再破坏特征分析

煤样在试验机上进行单轴抗压强度试验时其破坏形式多种多样，主要影响因素包括煤质成分、试样原生节理裂隙、加载方式、试件尺寸、含水量及温度等[123-126]。一般可以将煤样破裂分为以下四种形式[120,127]：

① 双斜面剪切破坏类型，如图 3-5(a)所示。试件被两个剪切滑移面贯穿，在两端形成圆锥体岩块。在达到极限抗压强度之前，试样在单轴压缩试验时随着压力的增加，其轴向应变线性增加。此时试件内部存储大量的变形能，当试件达到单轴抗压强度极限时会突然破坏并往往伴随巨大的响声。此种破坏形式一般发生在硬煤之中。

② 单斜面剪切破坏类型，如图 3-5(b)所示。随着载荷的增加，试件中原有及新产生的微小裂隙不断扩展乃至互相连通；当试件载荷达到其抗压强度极限时，大量裂隙最终结合成一个贯穿整个试件的剪切破坏面，同时其他部分也伴生大量的中等裂隙。这是一种煤样单轴抗压试验中常见的破坏情况。

③ 楔劈型张剪破坏类型，如图 3-5(c)所示。在轴向应力的作用下，试件中的微裂隙不断产生、扩展并互相连通为楔形的两个面，在轴向应力及劈裂效应的共同作用下，煤样形成劈裂破坏结构。这种破坏形式也比较常见。

④ 拉伸破坏类型，如图 3-5(d)所示。由于泊松比效应，轴向应力的作用将会导致试件径向发生变形，当轴向应力超过其许用应力之后，煤样将会发生横向破坏，表现为条柱状的细长杆失稳特征，一部分煤块被压碎。

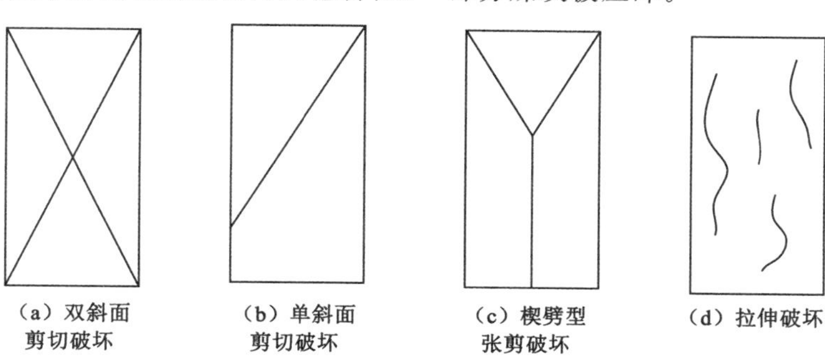

图 3-5　煤样单轴抗压破裂形式

单轴及三轴试验中试件内部形成的裂隙面结构复杂，无法全部用简单的模型来表示。一般认为，完整煤(岩)试件轴向应力到达峰值之后会迅速衰减的原因是破碎块体沿倾斜面的滑移，可以认为剪切破坏是试件承载能力降低的主要原因。而注浆使破碎固结体恢复承载性能的原因在于黏结破裂面的两侧，使其具有一定的抗剪切能力。一般用式(3-4)表示试件破裂后的强度[128-129]。

$$\sigma_1 - \sigma_3 = \frac{2C_j \cos \varphi_j + 2\sigma_3 \sin \varphi_j}{\sin(2\beta - \varphi_j) - \sin \varphi_j} \tag{3-4}$$

式中　σ_1，σ_3——最大、最小主应力；

C_j，φ_j——破裂面的黏聚力和内摩擦角；

β——破裂面与最小主应力 σ_3 作用方向的夹角。

式(3-4)反映了岩石破裂后的力学性质，而不能表现试样受压破坏过程中裂隙面的主应力状态变化对试件破坏的影响。为了便于分析，作者建立了如图 3-6 所示的单裂隙面破裂煤样力学模型[51]：利用一层软弱夹层代表两个裂隙面内的凸起、张开、黏结、摩擦等各种综合效应，当软弱夹层无黏聚力时表示未进行注浆加固，有黏聚力时表示已对破裂煤样进行注浆固结。δ_{eq} 为等价裂隙宽度。

当进行单轴及三轴抗压强度试验时，破坏后的煤样仍然服从莫尔-库仑准则[130]。如图 3-7 所示，极限状态的破裂岩样其应力状态是莫尔圆 a' 上的一点，并且在强度包络线 a 上；处于极限状态的完整岩样其应力状态是莫尔圆 b' 上的一点，并且在强度包络线 b 上；裂隙面的应力状态符合莫尔圆 c' 及强度包络线 c。应力状态 $A(\sigma_f, \tau_f)$ 是破裂面上一点的应力状态。当轴向应力和侧向应力相应增

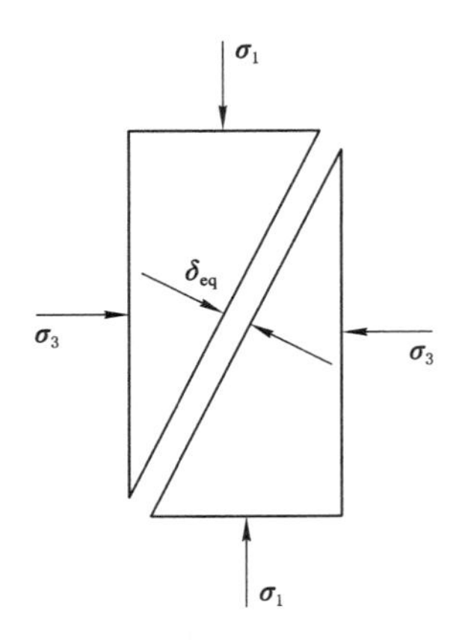

图 3-6　单裂隙面破裂煤样力学模型[51]

加时,应力圆将会沿着应力方向平移、缩放。不同的加载路径将会导致不同的岩样破裂形式。如果破裂面先达到极限应力状态,则破坏位置将会产生在破裂面上;如果岩样整体先达到极限应力状态,则破裂岩样内部将会产生新的裂隙面。

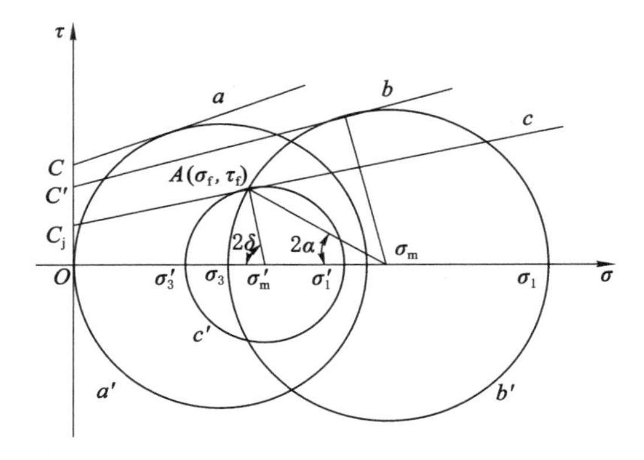

图 3-7　单裂隙面破裂煤样应力状态

根据应力平衡方程,破裂面的正应力和剪应力关系为:

$$\begin{cases} \tau_f = \dfrac{1}{2}(\sigma_1 - \sigma_3)\sin 2\alpha \\ \sigma_f = \dfrac{1}{2}(\sigma_1 + \sigma_3) - \dfrac{1}{2}(\sigma_1 - \sigma_3)\cos 2\alpha \end{cases} \tag{3-5}$$

式中　α——裂隙面与 σ_1 的夹角。

当裂隙面处于应力极限平衡状态时,A 点的应力状态符合式(3-6):

$$(\sigma'_m - \sigma_f)^2 + \tau_f^2 = (\sigma'_m + C_j \tan \varphi_j)^2 \sin^2 \varphi_j \tag{3-6}$$

式中　σ_f，τ_f——破裂面上点 A 的正应力与剪应力；

C_j，φ_j——破裂面的黏聚力和内摩擦角；

σ'_m——平均主应力。

其中：

$$\sigma'_m = \frac{1}{2}(\sigma'_1 + \sigma'_3) \tag{3-7}$$

式中　σ'_1，σ'_3——破裂面上的最大、最小主应力。

其中最大主应力 σ'_1 与破裂面走向之间的夹角为：

$$\zeta = \frac{\pi}{2} - \delta = \frac{\pi}{2} - \frac{1}{2}\arctan(\frac{\tau_f}{\sigma'_m - \sigma_f}) \tag{3-8}$$

式中　δ——最小主应力与破裂面之间的夹角。

这表示加载过程中破裂面内的主应力大小和方向将发生变化，破裂面中的主应力方向与试件整体的主应力方向不同。

当试件整体处于应力极限平衡状态时：

$$\tau_b = C' + \sigma_b \tan \varphi' \tag{3-9}$$

当破裂面处于应力极限平衡状态时：

$$\tau_c = C_j + \sigma_c \tan \varphi_j \tag{3-10}$$

裂隙面的黏聚力相对较低，破裂面内摩擦角 φ_j 小于试件整体的内摩擦角 φ'。在二次加载过程中，破裂面及试件整体应力状态符合应力圆 c' 及应力圆 b'，两者中先达到极限状态的将会先发生二次破裂。

(1) 未加固试件再破坏过程分析[51]

当破裂试件未进行注浆加固时破裂面黏聚力 $C_j = 0$。

① 试件沿着原破裂面再次破裂。

当试件沿着原破裂面再次破裂时，破裂面上 $\tau_f = \sigma_f \tan \varphi_j$，联立式(3-6)后得：

$$\sigma_1 - \sigma_1 \cos 2\alpha - \sigma_1 \sin 2\alpha \cot \varphi_j = -\sigma_3 \sin 2\alpha \cot \varphi_j - \sigma_3 - \sigma_3 \cos 2\alpha \tag{3-11}$$

当 $\sigma_3 = 0$ 时，$\sigma_1 = 0$，即未进行注浆加固的破裂试件在无围压条件下强度为零。

当 $\sigma_3 \neq 0$ 时，$\frac{\sigma_1}{\sigma_3} = \frac{\sin 2\alpha \cot \varphi_j + 1 + \cos 2\alpha}{1 - \cos 2\alpha - \sin 2\alpha \cot \varphi_j}$。

② 试件破裂时弱面主应力与岩块主应力方向一致，即 $\alpha + \beta = \frac{\pi}{2}$。

根据式(3-5)得：

$$\frac{1}{4}(\sigma_1 + \sigma_3)^2 \cos^4 \varphi_j - (\sigma_1 + \sigma_3)\sigma_f \cos^2 \varphi_j + \sigma_f^2 + \tau_f^2 \cos^2 \varphi_j = 0 \tag{3-12}$$

代入 σ_f，τ_f，当确定试件原裂隙角度即裂隙面内摩擦角即可得出 σ_1、σ_3 之间的关系。

以 $\varphi_j=\frac{\pi}{6}$，$\alpha=\frac{\pi}{4}$为例，当试件沿原破裂面二次破裂时，$\frac{\sigma_1}{\sigma_3}=3.85$，当试件破裂弱面主应力与岩块主应力方向一致时，$\frac{\sigma_1}{\sigma_3}=3$。

（2）注浆固结体试件再破坏过程分析[51]

注浆之后，固结体的破坏准则仍然服从莫尔-库仑准则。则极限情况下：

$$(\sigma'_m-\sigma_f)^2+\tau_f^2=(\sigma'_m+C_j\tan\varphi_j)^2\sin^2\varphi_j \tag{3-13}$$

此时：

$$\sigma'_m=\frac{\sigma_f+C_j\sin^3\varphi_j/\cos\varphi_j\pm\sqrt{\sigma_f^2\sin^2\varphi_j-\tau_f^2\cos^2\varphi_j+C_j^2\sin^2\varphi_j+2C_j\sigma_f\sin^3\varphi_j/\cos\varphi_j}}{\cos^2\varphi_j} \tag{3-14}$$

$$\zeta=\frac{\pi}{2}-\delta=\frac{\pi}{2}-\frac{1}{2}\arctan\left(\frac{\tau_f}{\sigma'_m-\sigma_f}\right) \tag{3-15}$$

仍以 $\varphi_j=\frac{\pi}{6}$，$\alpha=\frac{\pi}{4}$为例分析注浆加固体再破裂的特征。

① 当沿原有破裂面再破裂时：

$$\sigma_1-\sigma_3=(\sigma_1+\sigma_3)\tan\varphi_j+2C_j \tag{3-16}$$

代入 $\varphi_j=\frac{\pi}{6}$，$\alpha=\frac{\pi}{4}$得出：

$$\sigma_1=\frac{3+\sqrt{3}}{3-\sqrt{3}}\sigma_3+\frac{6C_j}{3-\sqrt{3}} \tag{3-17}$$

② 当试件破裂时弱面主应力与岩块主应力方向一致，即 $\alpha+\beta=\frac{\pi}{2}$时：

$$\begin{aligned}&(\sigma_f-\sigma'_m-\cos^2\varphi_j+C_j\sigma_f\sin^3\varphi_j/\cos\varphi_j)^2\\&=\sigma_f^2\sin^2\varphi_j-\tau_f^2\cos^2\varphi_j+C_j^2\sin^2\varphi_j+2C_j\sigma_f\sin^3\varphi_j/\cos\varphi_j\end{aligned} \tag{3-18}$$

计算后得：

$$9\sigma_1^2+9\sigma_3^2-30\sigma_1\sigma_3=\frac{44}{3}C_j^2+8\sqrt{3}C_j(\sigma_1+\sigma_3) \tag{3-19}$$

总结以上多种情况，破裂岩体的受力变形表现为结构特征。当围压较低时，固结体再破裂将发生在原有破裂面，强度较低。当围压升高到一定程度时，固结体有可能产生新的滑移破裂面，且强度较高。

原岩物理力学性质、破裂形式、注浆胶结面力学性能、原生微小不可注裂隙等多方面因素都会影响固结体的整体承载能力。然而破碎岩块内的裂隙是其受力再破坏的一个弱面，主要控制着固结体的承载能力。图 3-8 为 P·O42.5 硅酸盐水泥、1 250 目超细水泥、高分子化学注浆材料美固 364 与泥岩注浆胶结块体受剪切作用再破坏后界面的不同破坏形式。P・O42.5 硅酸盐水泥与破裂岩块表面之间黏结力低，且容易形成各种缺陷结构，巷道表面围岩进行注浆后仍然沿原有裂隙产生滑移。而高分子化学注浆材料美固 364 与煤体破裂面之间的黏聚力远超过 P・O42.5 硅酸盐水泥与煤体破裂面之间的黏聚力，注浆固结体受力破坏位置往往发生在新裂隙位置。

(a) P·O42.5 硅酸盐水泥

(b) 1 250 目超细水泥

(c) 高分子化学注浆材料美固364

图 3-8　注浆材料与泥岩注浆胶结面再破裂形式

3.3　常用水泥基注浆材料适用性测试分析

注浆材料及水灰比对注浆加固效果影响很大。为得出适合采动巷道注浆加固的注浆材料及配比，本节中测试并对比分析各种水泥基注浆材料及化学注浆材料的各项性能。试验采用的水泥有 3 种：P・O42.5 硅酸盐水泥，徐州中联水泥有限公司生产；(快硬)硫铝酸盐水泥，徐州中联水泥有限公司生产；1 250 目超细水泥，山东润成粉体有限公司生产。

3.3.1　抗压强度

采用 3 种不同的水泥品种来研究不同水灰比(0.5、0.6、0.8、1.0)对注浆材料强度的影响。以设计的水灰比配置水泥浆液，入模成型；在温度为 20±5 ℃的环境中放置 1～2 d，拆模后将试件放在恒温恒湿养护箱支架上，表面保持潮湿，彼此间隔 10～20 mm。标准养护龄期(从搅拌加水开始计时)为 28 d。

用中国矿业大学煤炭资源与安全开采国家重点实验室的电液伺服万能试验机对试件进行单轴压缩试验，压力试验机测量精度为±1%，具有加荷速度控制装置，能均匀、连续加荷。分别测定试件 3 d、7 d、28 d 的单轴抗压强度，结果如图 3-9 所示。

P·O42.5 硅酸盐水泥随着浆液水灰比由 0.5 增加到 0.6，其抗压强度骤减，0.6 为水灰比-抗压强度曲线的拐点；浆液水灰比为 0.6～0.8 时，抗压强度基本无变化；当水灰比大于 0.8 时，抗压强度又迅速下降，但与水灰比为 0.5～0.6 时相比较，其下降速率较小。

(快硬)硫铝酸盐水泥浆液在水灰比为 0.5～0.6、0.8～1.0 时，抗压强度下降明显；在水灰比为 0.6～0.8 时，抗压强度虽有下降，但下降幅度较小。

1 250 目超细水泥浆液在水灰比为 0.5～0.8 时，抗压强度下降幅度明显，同样在水灰比为 0.6 时，试件的抗压强度下降速率变缓；当水灰比为 0.8～1.0 时，水灰比的变化对试件的抗压强度基本无影响。

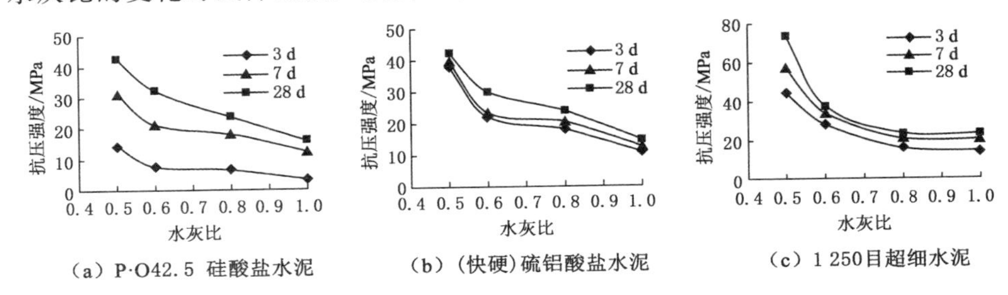

图 3-9 水泥抗压强度与水灰比的关系

3.3.2 黏度

选择常用的 0.5、0.6、0.8、1.0 这 4 个水灰比进行试验。用高速搅拌机配制 P·O42.5 硅酸盐水泥、(快硬)硫铝酸盐水泥、1 250 目超细水泥浆液。本试验中采用 NDJ-5S 旋转黏度计(图 3-10)测定水泥浆黏度值。对每种水灰比条件进行 3 组试验，以 3 组试验结果的平均值作为这种水灰比的水泥浆液黏度值。试验得到不同水泥不同水灰比下的黏度值，见图 3-11。

在相同水灰比条件下，1 250 目超细水泥浆液的黏度比 P·O42.5 硅酸盐水泥和(快硬)硫铝酸盐水泥都高得多。为兼顾浆液水灰比与流动性，1 250 目超细水泥在使用时经常添加分散剂。不同品种的水泥浆液，均表现出黏度随着水灰比的增大而降低的特性；3 种水泥浆液黏度在水灰比增幅较小的情况下急剧降低。从图 3-11 中可以看出：3 条曲线存在大致相同的拐点，其中 P·O42.5 硅酸盐水泥和(快硬)硫铝酸盐水泥在水灰比达到 0.8 之前，黏度随着水灰比的增大急剧降低，当水灰比大于 0.8 后，黏度衰减速率大幅度降低，基本处于稳定降低期；对于 1 250 目超细水泥而言，即便在水灰比超过 0.8 后，其黏度随着水灰比的增大仍表现出较大的降低趋势，但相比水灰比小于 0.8 时，降幅已显著减小。

图 3-10　NDJ-5S 旋转黏度计

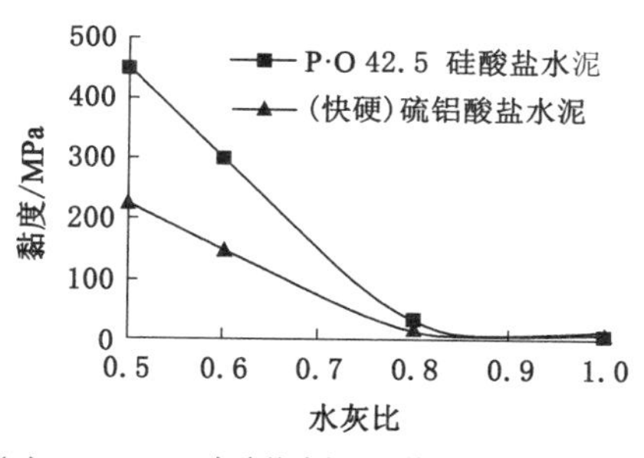

(a) P·O 42.5 硅酸盐水泥、(快硬)硫铝酸盐水泥

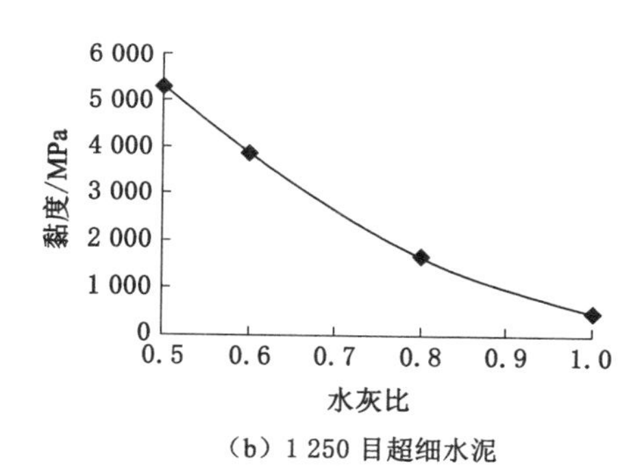

(b) 1 250 目超细水泥

图 3-11　水泥黏度与水灰比关系曲线

3.3.3　析水率

析水率的测试方法为：取 200 mL 水泥浆盛于直径相同的玻璃量筒内，用塞子塞紧加以摇荡或在量筒内使用玻璃棒快速搅拌，使浆液混合均匀。然后将量筒静放在试验台上，水泥颗粒开始下沉，清水厚度自上向下逐渐增加。每隔一定时间，读记清水厚度一次，一直持续到清水高度呈稳定状态时停止。稳定标准一般是连续 3 个析水值的读数相同或者仅有微小差距。水泥析水率与水灰比关系如图 3-12 所示。

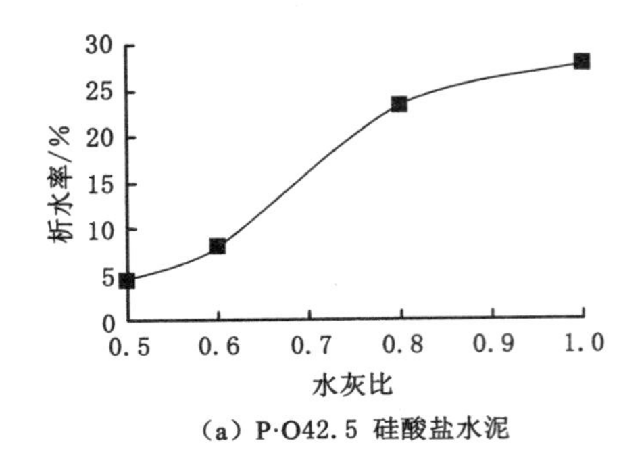

(a) P·O42.5 硅酸盐水泥

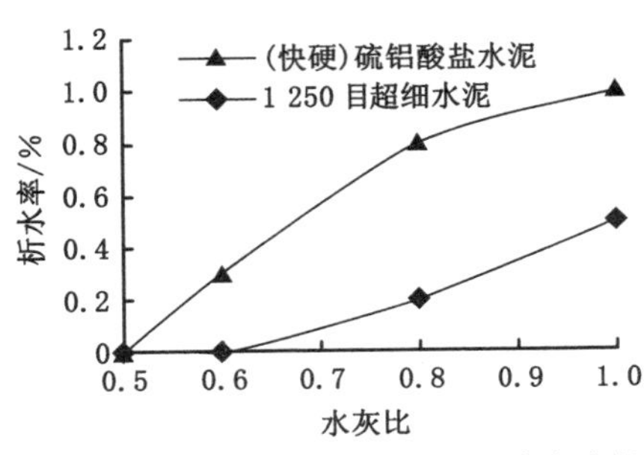

(b)(快硬)硫铝酸盐水泥与1 250 目超细水泥

图 3-12　水泥析水率与水灰比关系

P·O42.5 硅酸盐水泥浆液析水率随水灰比增加呈现逐渐增大趋势。水灰比自 0.5 增大到 0.8 的过程中,相应的析水率从 4.6%变化到 23.4%,增长了 4 倍多;水灰比从 0.8 变化为 1.0 时,析水率仅增长了 4.4%。

不同水灰比情况下,(快硬)硫铝酸盐水泥析水率均大于 1 250 目超细水泥析水率。水灰比小于 0.6 时,1 250 目超细水泥析水率为零;水灰比达到 1.0 时,其析水率也不大,仅为 0.5%。

对比图 3-12(a)与图 3-12(b)可知,P·O42.5 硅酸盐水泥的析水率要远大于其他两种水泥基浆液的析水率。另外,P·O42.5 硅酸盐水泥和(快硬)硫铝酸盐水泥在水灰比大于 0.8 后,析水率增长速率下降,而 1 250 目超细水泥析水率则呈现相反趋势。测试结果表明,水泥浆水灰比、悬浮物中颗粒大小、水泥活性对析水率影响很大,三者相比,1 250 目超细水泥的析水率最低。

3.3.4　对比分析

P·O42.5 硅酸盐水泥是最早应用的注浆材料,具有来源广泛、强度高、耐久性好、无毒、价格低廉等多方面优点;其缺点在于最大粒径可达 90～100 μm 且较多粗颗粒,使得浆液不能有效灌入细微裂隙。由 3.3.3 章节的分析可知,当水灰比大于 0.5 时,P·O42.5 硅酸盐水泥浆液析水率将超过 5%,浆液的稳定性差,容易产生析水回缩现象而形成空洞,使硬化结石与被灌基体的黏结强度降低,形成新的弱面,造成注浆效果降低。P·O42.5 硅酸盐水泥无法满足沿空留巷工作面破碎煤帮注浆需要的注浆材料速凝、早强、高强的特殊工程需求。

(快硬)硫铝酸盐水泥浆凝结时间可以随着水灰比而改变,由于其较短的凝结时间,可达到快速加固的目的。以水灰比 0.5 时的数据为例,其 3 d 的抗压强度已达到 38 MPa,为最大设计强度的 90%,具有早强、高强的特性,可有效固结松散破碎结构体。由黏度与水灰比关系试验可知，同水灰比条件下(快硬)硫铝酸盐水泥比P·O42.5硅酸盐水泥黏度低，这一点将有利于泵送灌浆，提高泵送的有效距离。析水率试验表明，水灰比达到1.0时，(快硬)硫铝酸盐水泥浆液析水率也仅有1%，仍属高可靠性稳定浆液。(快硬)硫铝酸盐水泥粒径多为10～80 μm，适用于渗透系数大于5×10^{-2} cm/s的岩层和宽度大于0.2 mm的裂缝，但无法渗入渗透系数为$1\times10^{-3}\sim1\times10^{-2}$ cm/s的中、细砂层或者宽度小于0.2 mm的裂缝。

1 250目超细水泥基注浆材料可以说是为了在低渗透性介质中提高水泥可灌性的产物，大多以P·O42.5硅酸盐水泥或(快硬)硫铝酸盐水泥为基础，通过湿磨或干磨工艺生产而成，其平均粒径为6～10 μm。由上述试验可看到，1 250目超细水泥基注浆材料除了具备P·O42.5硅酸盐水泥和(快硬)硫铝酸盐水泥的优点外，还具有高细度性，较小的粒径使其可灌入更微小裂隙中。水泥的细度与其物理力学性能、水化性能、流变性能都密切相关。水泥颗粒越细，与水发生反应的表面积越大，因而反应越快，且反应较充分，早期强度就较大。上述试验结果也印证了这一特点，同水灰比条件下，1 250目超细水泥浆液的黏度比P·O42.5硅酸盐水泥和(快硬)硫铝酸盐水泥浆液的黏度都高得多。为兼顾浆液水灰比与流动性，1 250目超细水泥在使用时经常添加适量的分散剂。

在沿空留巷采动强烈区域，煤帮处于破坏范围逐步发展、可注能力不断提高的动态过程之中。原生完整煤体属于低渗透性介质，可注入性能低；受工作面采动影响后，其内部产生大量的裂隙，并在围岩表面产生变形破碎区，可注入性能得到提高。然而，这同时也意味着巷道正受到工作面强烈采动的影响，处于高速变形阶段。在这一阶段对煤帮进行注浆，就要求注浆材料具有速凝、早强、高强、灌入能力高的特点。常用水泥基注浆材料中(快硬)硫铝酸盐水泥及1 250目超细水泥具有以上各种优点。特别地，1 250目超细水泥具有更小的粒径，使其可灌入更微小的煤层裂隙中，从而达到更好的加固效果。

3.4　本章小结

(1) 破碎煤体注浆固结体单轴抗压强度与固结前的峰后状态残余强度相比有大幅提高，较完整试件抗压强度有所恢复。当水灰比为0.8时，P·O42.5硅酸盐水泥、1 250目超细水泥、高分子化学注浆材料美固364三种注浆材料加固后试件的固结系数与强度恢复系数平均为2.55、2.15、5.28及31.43%、57.11%、85.51%。对于同种水泥基注浆材料，随着水灰比的增加，注浆固结体强度逐步降低，加固效果逐渐减弱，但高水灰比的浆液黏性低，流动性更强，容易渗透到微小裂隙之中。试验得出 P·O42.5 硅酸盐水泥最佳水灰比为 0.6～0.7，1 250目超细水泥最佳水灰比为 0.8。浆液颗粒度对注浆加固效果有直接影响。高分子化学注浆材料美固 364 较水泥基浆注浆材料有更优异的加固性能。

(2) 注浆固结对破碎岩块承载能力恢复的主要原因包括：提高原有裂隙面抗剪能力；均化应力，阻止原有裂隙进一步扩展及连通；加固破碎区域，重新形成承载整体。在注浆固结体受压至破坏的全过程中无峰后围岩强度突然降低的现象，表明注浆导致围岩的延展性增加，有更强的抗变形能力和可塑性。围压及浆液与破裂面之间的黏结强度是控制注浆固结体强度以及再破裂产生位置的关键因素。

(3) 对工作面采动影响剧烈区破碎煤帮进行注浆，就要求注浆材料具有速凝、早强、高强、灌入能力高的特点。P·O42.5 硅酸盐水泥价格便宜，但浆液的稳定性差，容易产生析水回缩现象。同种水灰比条件下，(快硬)硫铝酸盐水泥与 P·O42.5 硅酸盐水泥相比，具有较低的黏度与析水率，其高强、早强特性可使其固结松散破碎结构体。1 250 目超细水泥平均粒径为 6～10 μm，除了具备以上两者的优点外，高细度性使其可灌入更微小的裂隙中，浆液的物理力学性能、水化性能、流变性能也因此得到提升。

第 4 章　沿空留巷采动破碎煤体注浆时机优化分析

低压渗透注浆工程中，浆液在围岩中的渗透范围与围岩完整性密切相关。受长时间采动应力的影响，沿空留巷煤帮破碎区逐步向煤体内部发展。伴随着这一过程的是浅部煤体可注入性能的提高及巷道围岩稳定性的逐步降低。受采动影响之前，煤体内裂隙多为原生及掘巷导致的初生裂隙，裂隙张开度较小且连通性较差。水泥基类浆液最多可以通过相当于其 3 倍颗粒直径的裂隙网络，此时注浆很难达到加固围岩的目的。如果注浆时机过晚，虽然巷道上方顶板已形成稳定的砌体梁结构，围岩支承压力较小，变形不再剧烈，但巷道围岩破裂范围已经深入锚注加固范围之外，巷道围岩已处于缓慢塑性流动状态。此时巷道已处于临界失稳状态，注浆已很难再使围岩与支护结构重新形成有效的承载整体。对于沿空留巷，浆液在煤帮中可注入范围与煤帮的完整性是一对矛盾统一的整体，要保持围岩的稳定性就必须在两者之间取得平衡。

4.1　巷道帮部围岩裂隙时空演化规律

天然煤体是不连续、非均质的介质，内含大量孔隙、节理、裂隙[131]。在采动应力的作用下，煤体的内生缺陷将进一步扩展发育，最终形成大量宽度不等的裂隙。煤(岩)体内的裂隙发育情况是其稳定性的表征之一[132]，是巷道围岩稳定性的研究热点。受多次采掘扰动影响，沿空留巷煤帮在服务过程中将产生大范围松散破碎及扩容变形，围岩内部裂隙发育，承载性能降低。通过对煤(岩)体内裂隙发育情况的观测研究可以对其稳定性状态提供参考，并为巷道注浆及其他加固方式优化时机[133]。

近年来，钻孔窥视仪已经大量用于巷道围岩稳定性研究，Malkowski 等[134]根据采用钻孔窥视仪的观察记录将巷道围岩分为完整型到完全破碎型等四种。Ellenberger[135]利用钻孔窥视仪的窥视结果对矿井顶板稳定性进行分类，通过不同深度的围岩特征赋值计算顶板稳定性系数。本研究采用钻孔窥视仪的观测结果来反映巷道帮部围岩赋存条件。

钻孔窥视仪可以通过钻孔对顶板围岩结构进行观察，研究巷道围岩的岩性变化、软弱夹层位置，也可以用来测量围岩裂隙、破碎区发生范围及大小。为了深入了解巷道顶板岩性及其结构，利用中国矿业大学研制生产的 YTJ2 型钻孔窥视仪(图 4-1)对大量巷道顶板岩性及其结构进行了观测。窥视仪主要由 CCD 微型探头、图像转换器、发光体、放大器、信号转换器、稳压电源、数码录像设备等组成。

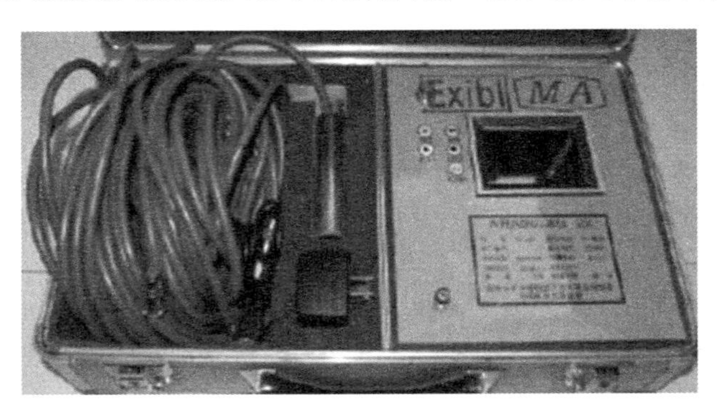

图 4-1　YTJ20 型钻孔窥视仪

为观测巷道煤帮内的裂隙随工作面开采的发育情况，沿着煤层倾向在工作面前方 50 m、30 m、15 m、10 m、5 m，工作面处，工作面后方 10 m、20 m、40 m、60 m、100 m 位置分别打深度为 6 m 的窥视钻孔。为便于定量描述孔内裂隙发育情况，参考其他研究成果将煤体内裂隙分为如下几类(如图 4-2 所示)：

(1) 微裂隙：煤体内裂隙为初生或原生裂隙，裂隙宽度不大于 2 mm。

(2) 中等裂隙：受采掘应力影响，煤体内的微裂隙张开度有所增加，达到 2～5 mm。

(3) 大型裂隙：煤体内围岩比较破碎时，多条裂隙互相连通并逐步扩展，最终张开度达到 5 mm 以上。

(4) 破碎区：受应力扰动巷道发生大变形后，巷道围岩内部裂隙经常能够互相连通，在离煤体表面 1 m 左右的范围内形成破碎区。

工作面前后窥视完成后，对钻孔内裂隙发育情况进行素描，结果如图 4-3 所示。为了便于进行统计分析，将每 500 mm 宽度的破碎区等价为一个微裂隙、一个中等裂隙和一个大型裂隙。图 4-4 为工作面前后巷道煤帮钻孔内裂隙发育情况统计结果。

分析图 4-3 和图 4-4 得出，随工作面采动煤帮裂隙发育规律表现为：

(1) 在超前采动影响区范围之外，煤帮裂隙发育范围为 1 m 左右，围岩裂隙产生原因多为煤层原生裂隙、掘巷导致的支承应力以及巷道表面煤层的风化破碎。

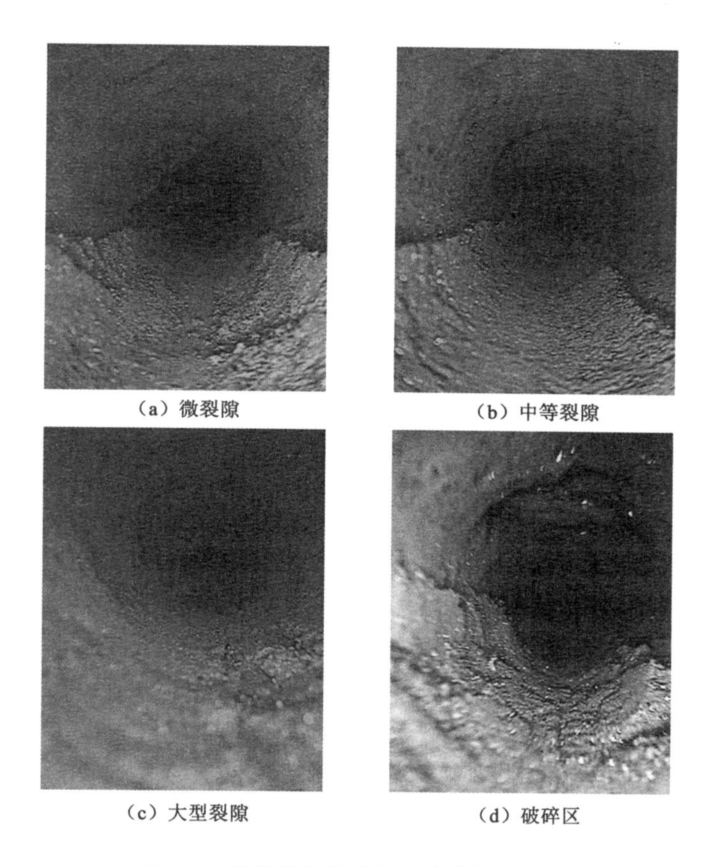

图 4-2　裂隙发育情况典型钻孔窥视图片

(2) 随着工作面的推进，巷道围岩损伤逐步深入煤体内部。在工作前方0～30 m 范围，超前采动影响剧烈段巷道裂隙发育范围在距巷道表面 0～2.8 m。根据前文分析，此时煤帮内动压系数最大可以达到 2～6，剧烈变化的超前采动应力致使煤壁内产生大量的新生裂隙，并且造成原有裂隙进一步扩展。然而值得注意的是，由于巷道采用了主动强力锚注支护方式，并且巷道上方顶板还未发生断裂、旋转下沉，此时巷道表面的破碎区范围并未大幅度增加。

(3) 在工作面后方 0～40 m 采动影响剧烈段内，无论裂隙发育范围还是破裂区宽度都大幅度增加，煤帮内部也开始出现破碎区。基本顶断裂、旋转、下沉之后在巷道煤帮产生应力集中，导致煤帮浅部被压碎挤出，同时也造成了锚固支护结构的弱化失效，围岩-支护承载结构已处于峰后破坏状态。此时巷道围岩需要及时采取补充加强支护，否则在以后的围岩应力调整阶段将发生缓慢而持续性的塑性流动。

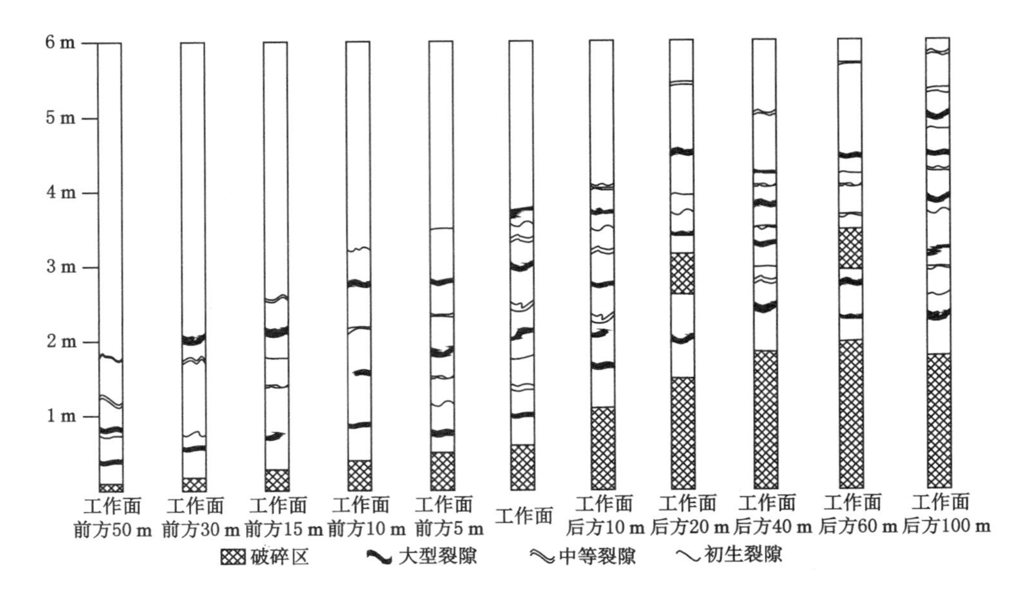

图 4-3　工作面前后巷道煤帮隙发育情况素描

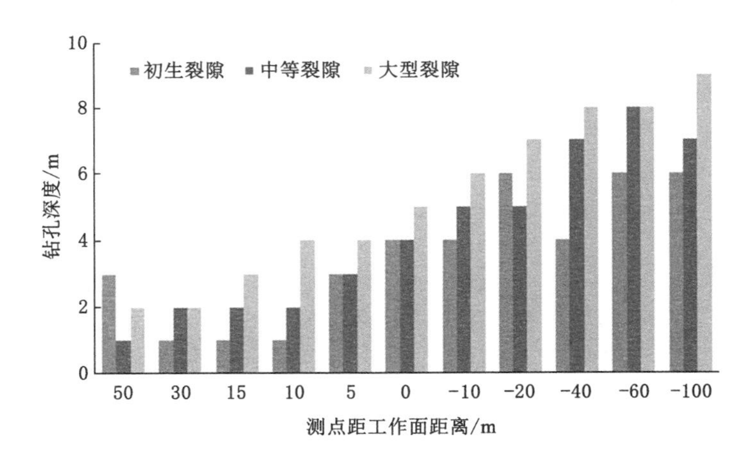

图 4-4　工作面前后巷道煤帮钻孔内裂隙发育情况统计结果

（4）在工作面后方 100 m 以外采动影响趋缓段，煤帮裂隙发育范围扩展到 6 m以深，窥视时经常发现处于围岩内部的破碎区，裂隙宽度进一步增加。此时巷道表面围岩已经处于松散破碎状态，锚固支护结构托锚力大幅度衰减或已经丧失，巷道处于低约束状态下的塑性流动状态。

回采巷道围岩一般属于低强度、层状岩体，岩体原生缺陷较多，受采动影响后容易在巷道浅部形成大量的裂隙。注浆对巷道稳定性的影响主要体现在封闭与加固方面，这决定了回采巷道围岩注浆以低压渗流注浆为主，一般在2 MPa左右。低压注浆时，浆液在岩体内主要沿裂隙进行扩散，裂隙的发育情况决定了围岩的可注入性能。钻孔窥视的结果表明，在工作面超前及滞后采动影响剧烈段，围岩裂隙张开度急剧增大，巷道围岩可注入性能也因此迅速增大。此时锚固支护结构已部分弱化损伤，当巷道围岩浅部破碎区尚未扩展超过锚固区范围时，应及时对巷道围岩进行注浆加固。

4.2　随机宽度单裂隙中浆液扩散范围

裂隙是围岩中天然存在或者采掘活动产生的不连续面。裂隙对岩体强度及注浆工程起着关键性作用。单裂隙注浆渗流模型研究对控制注浆效果有十分重要的意义。工程现场中的岩石裂隙张开度具有随机性特征。为更加真实地反映浆液在随机张开度裂隙中的渗流规律，本节中将单裂隙离散为大量长方形单元，如果单元格足够多，首先可以认为每个单元格内的裂隙张开度为常数[136]，然后利用蒙特卡洛方法随机生成每个单元的裂隙张开度。在此基础上，可以进一步将二维问题一维化为裂隙在管路中的流通问题。通过力学模型建立管路中的平衡方程组，通过计算机迭代求解线性方程组，即可求出浆液在随机张开度单裂隙中的扩散范围。

为分析随机单裂隙中浆液流动规律，特作如下假设：

(1) 水泥浆液为层流流动。层流流动具有很低的流速且无湍流。

(2) 水泥浆液是不可压缩的流体，流入单元体的流量等于流出量。

(3) 在注浆期间水泥浆液是宾汉流体，其力学参数不变。

(4) 注浆不会导致裂隙的扩展。

(5) 注浆过程中压力恒定。

(6) 围岩表面已经喷浆，浆液不会流出裂隙表面。

4.2.1　数学模型

在流变力学中，流体种类可以分为牛顿流体与非牛顿流体，其中非牛顿流体包括剪切稠化流体、剪切稀化流体、宾汉流体等。注浆加固是保持矿井围岩稳定的常用控制手段，主要注浆材料为水泥基材料。一般研究认为水泥浆液是宾汉流体[137-138]。

Lombardi[55]根据力的平衡，导出了在开度为 b 的裂隙中浆液的最大扩散半径；Chhabra、Rahmani 等[139-140]建立了管路中宾汉流体运动的力学模型，如

图 4-5 所示。

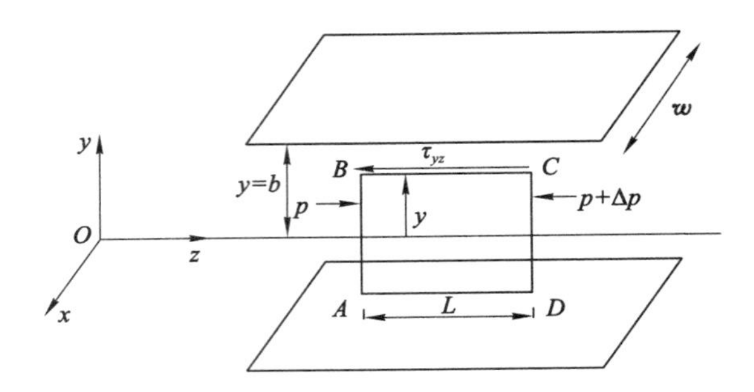

图 4-5　宾汉流体在管路中流动的力学模型

根据力学平衡方程$[p-(p+\Delta p)]yw=\tau_{yz}Lw$得：

$$-\frac{\Delta p}{L}y=\tau_{yz} \tag{4-1}$$

式中　w,L,y——单元体的宽度、长度、高度；

$\Delta p+p,p$——单元两端的压力；

τ_{yz}——高度 y 处的剪应力。

宾汉流体的剪应力与剪切速率、黏度及流体的屈服强度有关，本模型中其表达式为：

$$\begin{cases}\tau_{yz}=-\mu_B\dfrac{du}{dy}+\tau_0^B\\[2ex]\tau_{yz}=\tau_0^B(\dfrac{du}{dy}=0)\end{cases} \tag{4-2}$$

式中　μ_B——动态黏度；

$\frac{du}{dy}$——剪切速率；

τ_0^B——屈服强度。

将式(4-1)和式(4-2)联立并解常微分方程可以得出单元宽度管路中浆液的整体平均流量：

$$q=-\frac{1}{\mu_B}\frac{2\Delta p}{3L}b^3\left(1+\frac{1}{2}\varphi^3-\frac{3}{2}\varphi\right) \tag{4-3}$$

式中，$\varphi=-\dfrac{\tau_0^B}{\Delta p/Lb}$，$b$ 表示一半的裂隙张开度。

则管路中任意节点的整体流量为：

$$Q=-\frac{2w}{3\mu_B}\frac{dp}{dL}b^3\left(1+\frac{1}{2}\varphi^3-\frac{3}{2}\varphi\right) \tag{4-4}$$

求解这个关于 φ 的三次方程得出：

$$\varphi = 2\sqrt{\frac{-\alpha}{3}}\cos\frac{\theta+\pi}{3} \tag{4-5}$$

式中，$\theta=\cos^{-1}\sqrt{\frac{27}{-\alpha^3}}$，$\alpha=-3-3\frac{q\mu_B}{\tau_0^B b^2}$。

根据单元体中浆液流入量与流出量相等[140]，如图 4-6 所示，得出质量守恒方程。本研究中假设如果多个管路互相交叉，只有一个是流入管路，其他是流出管路，即：

$$Q_i = Q_1 + Q_2 + Q_3 \tag{4-6}$$

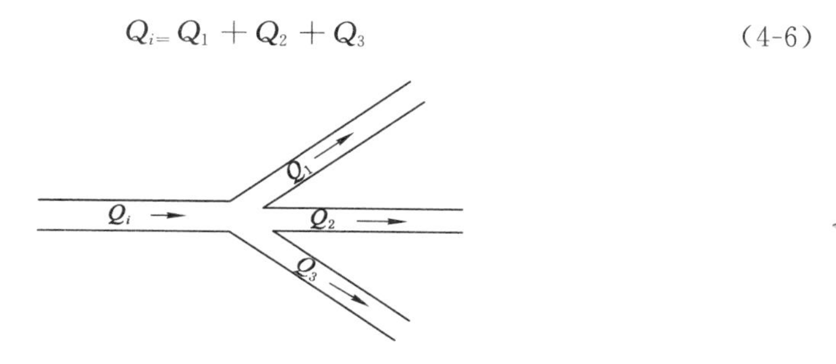

图 4-6　浆液质量守恒示意图

4.2.2　蒙特卡洛法生成随机宽度单裂隙并离散化

蒙特卡洛方法在岩土工程领域应用非常广泛，其原理是根据已知的分布函数利用随机数来生成随机变量。由于巷道围岩裂隙分布是随机的，可以用蒙特卡洛方法来建立裂隙分布的数学模型。使用该方法时先根据现场统计数据建立相应变量的概率模型，然后把要分析的问题与概率模型结合，通过随机抽样得到所要求解问题的随机数。随机宽度单裂隙模型的蒙特卡洛模拟就是根据现场及相关统计数据，应用蒙特卡洛方法产生随机裂隙。

围岩中裂隙的特征变量包括裂隙张开度、裂隙分布、粗糙度和接触面积等，其中裂隙张开度和裂隙分布是两个主要的参数[141]。一般认为，裂隙张开度服从正态分布[142]，利用现场观测数据可以得到裂隙分布的统计函数。利用Excel数据选项卡中的随机数发生器即可得到每个小单元的裂隙张开度。将裂隙面离散化为大量小单元后，每个小单元仍为二维面，但可以认为其裂隙张开度是不变的。图 4-7 为裂隙张开度平均值为 1 mm、标准差为 0.33 mm[66,69,143]的裂隙面蒙特卡洛方法实现情况。

已有研究表明，浆液在裂隙岩体中的流动呈现其在管路中流动的特点[144]。Hässler、Minaie、Eriksson、王强、Yang 等[59,63,65,145-146]都采用了将二维裂隙面用

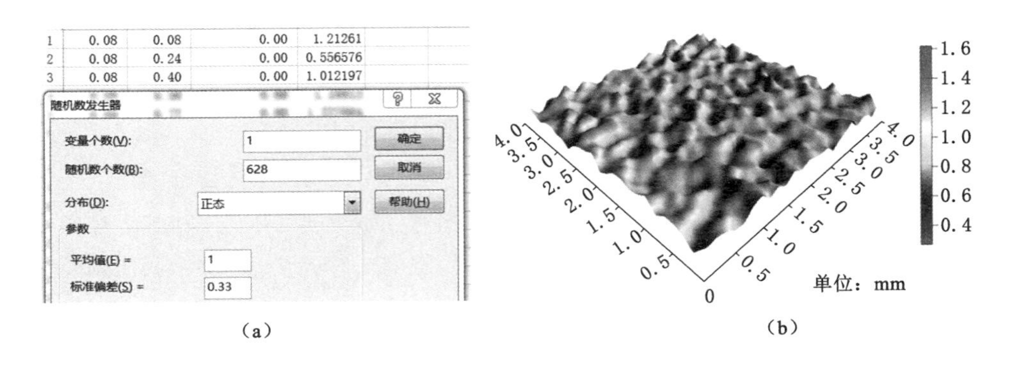

（a）　　　　（b）

图 4-7　蒙特卡洛方法生成的随机张开度单裂隙

一维管路来代替的方法分析浆液在裂隙面中的流动扩散范围。该方法的原理如图 4-8 所示。图 4-8 中有一个典型的二维网格和它的等价一维管路。一维管路穿过二维网格的中心。由于一个单元格被等价成两条管路，所以每个管路宽度相当于半个单元格的宽度。

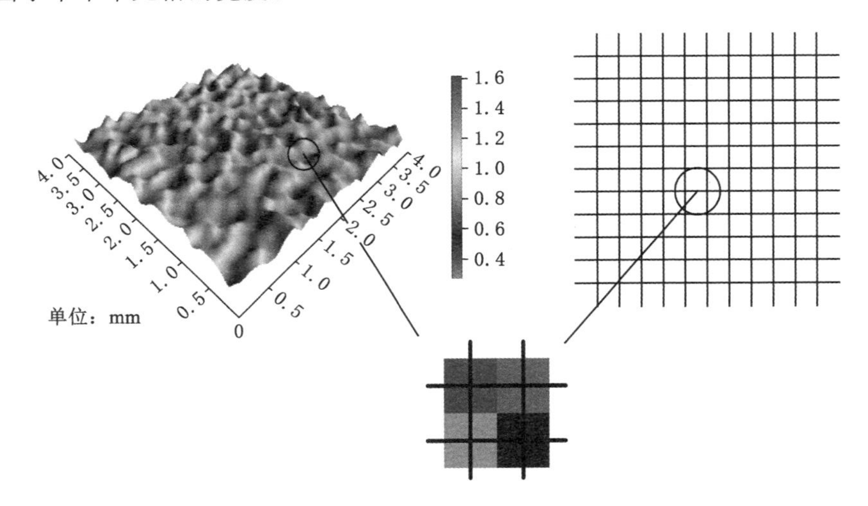

图 4-8　一维管路替代二维裂隙平面原理图

4.2.3　建立方程组矩阵并求解

根据 4.2.1 所述宾汉流体在裂隙中流动力学模型及浆液质量守恒规律可以建立方程组[140]。

(1) 单节点中浆液流入量等于流出量，如图 4-9 所示。

$$Q_{ij} = \sum_{k=m}^{m+N-1} Q_{jk} \tag{4-7}$$

式中　Q_{ij}——i,j 节点之间浆液流量；

N——节点 j 上分支管路数量。

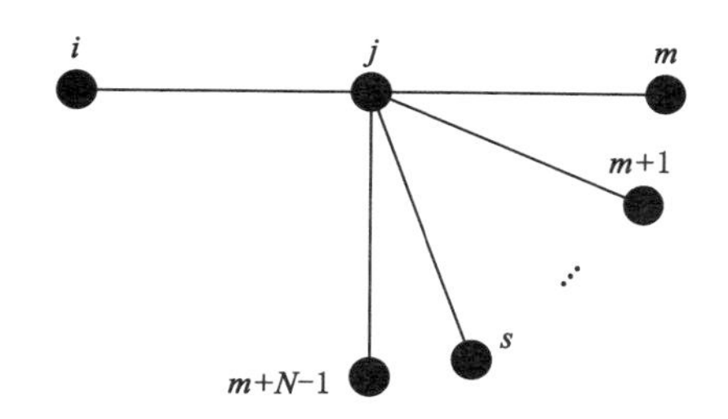

图 4-9　单节点中流入流出浆液相等原理示意图[140]

(2) 管路中浆液渗透长度。

$$l_{tjk} = l_{(t-\Delta t)\,jk} + \frac{Q_{jk}}{A_{jk}}\Delta t \tag{4-8}$$

式中　l_{tjk}——t 时刻 j,k 节点之间的渗透长度；

A_{jk}——管路截面积。

若计算得出 $l_{tjs} > l_{js}(m \leqslant s \leqslant m+N-1)$，则：

$$l_{tjs} = l_{js} \tag{4-9}$$

(3) 管路中浆液压力降。

$$\Delta p = f(Q_{jm})l_{tjm} = f(Q_{jm+1})l_{tjm+1} = \cdots = f(Q_{jm+N})l_{tjm+N} \tag{4-10}$$

如果 $l_{tjs} > l_{js}(m \leqslant s \leqslant m+N-1)$，则：

$$\Delta p = f(Q_{js})l_{js} + f(Q_{sr})l_{tsr} = f(Q_{jk})l_{tjk} \quad (m \leqslant k \leqslant m+N, k \neq s) \tag{4-11}$$

由于水泥浆液是宾汉流体，上述方程表达为：

$$\begin{cases} f(Q) = \dfrac{\Delta p}{L} = -\dfrac{2\tau_0^{\mathrm{B}}}{2b\varphi} \\ \varphi = 2\sqrt{\dfrac{-\alpha}{3}}\cos\dfrac{1}{3}\left(\cos^{-1}\sqrt{\dfrac{27}{-\alpha^3}} + \pi\right) \\ \alpha = -3 - \dfrac{3\mu_{\mathrm{B}}Q}{wb^2\tau_0^{\mathrm{B}}} \end{cases} \tag{4-12}$$

如果有 n 个管路，则根据以上三个方程组成的方程组有 $2n$ 个方程与 $2n$ 个未知量。由于一些方程是非线性的，需要采用数值解法。本研究中利用牛顿迭代法[147-148]，采用 Fortran 9.0 编程来求解此问题[149-150]。迭代过程每一步都检测一次是不是有新的管路被注入浆液。当有新的管路被注入浆液，则相应地将新管路的方程加入方程组中。如果有浆液渗透到模型边界，则不需要添加新的管路。

4.2.4 主要影响因素分析

在注浆工程中，浆液渗透范围的影响因素主要包括注浆材料、浆液黏度、浆液凝结时间、屈服力、围岩裂隙分布情况、注浆压力和浆液流量等，其中凝结时间、屈服力、黏度都与水灰比密切相关。在分析某个变量对注浆扩散半径的影响时，其他变量取为常数。本节中一般假设注浆时间为 900 s、浆液流量为 0.25 L/s、裂隙张开度均值为 1 mm、裂隙张开度标准差为 0.5 mm、浆液黏度 $\mu=1$ MPa·s、浆液初始剪切屈服强度 $\tau_0^B=1$ Pa。

4.2.4.1 裂隙张开度与标准差的影响

天然裂隙多为不规则形状，其不规则形状对浆液扩散范围有重要影响。在关于裂隙分布的多个指标中，裂隙张开度是控制渗透注浆工程中浆液扩散范围的主要因素[66,151]。裂隙张开度和标准差对浆液扩散的影响如图 4-10 所示。裂隙张开度均值越大，浆液扩散范围越大。随着裂隙张开度标准差的增加，浆液渗透分布情况逐步呈现非匀称趋势。当浆液在张开度较小的“管路”中流动时其渗透阻力更大，这导致浆液流动时存在优势路径，特别是对水泥浆这种宾汉流体这一现象更加明显。

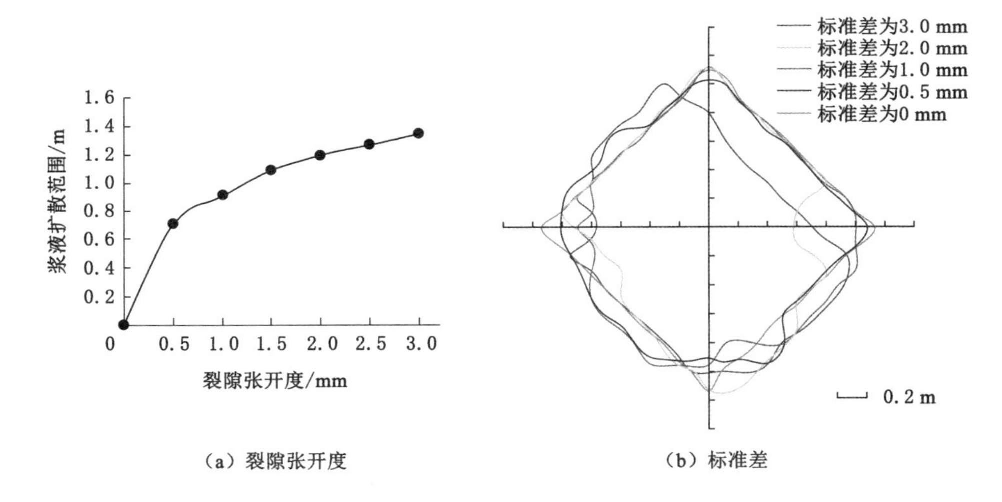

图 4-10 裂隙张开度和标准差对浆液扩散的影响图

煤层及其附近顶、底板岩体中节理、裂隙的发育呈现显著的方向性特征。采掘扰动导致围岩表面发生破碎，在井下进行巷道注浆时经常发生浆液在宽裂隙中沿着巷道轴向扩散较远，而未注入巷道围岩深部。进行现场注浆时，必须考虑注浆渗透范围的不均匀性，合理调整注浆孔布置与注浆顺序。注浆孔可以巷道轴向和径向不等距布置或者加长注浆锚杆。一般采用深浅孔交替注浆的方式来加强注浆效果，即低压浅孔注浆先固结巷道表面破碎围岩，待浆液固结后再在附近位置进行深孔注浆并调高注浆压力。在进行巷道破裂围岩注浆时，必须首先对巷道表面进行封闭。

4.2.4.2　浆液流变性的影响

浆液在裂隙岩体中的扩散范围除了与裂隙发育情况有关，还受浆液流变性的影响。其宾汉流体浆液流变性能包括黏度 μ 与初始剪切屈服强度 τ_0 两个参数。浆液流变性能对扩散范围的影响如图 4-11 所示，由图可见，当浆液黏度增大时，浆液扩散半径 R 急剧减小，而初始剪切屈服强度对浆液扩散半径影响不大。提高水泥浆液水灰比有利于减小其黏度和初始剪切屈服强度，增加浆液扩散范围。然而，当浆液水灰比过高时，浆液与裂隙面黏结强度也随之下降，注浆时必须在浆液流动性与黏结性能之间寻找平衡点。

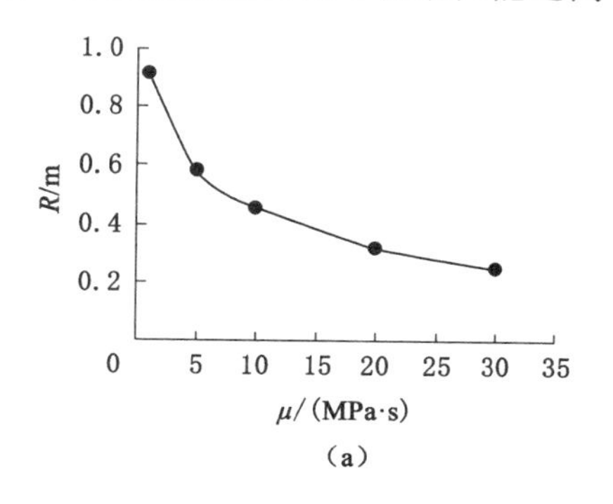

(a)

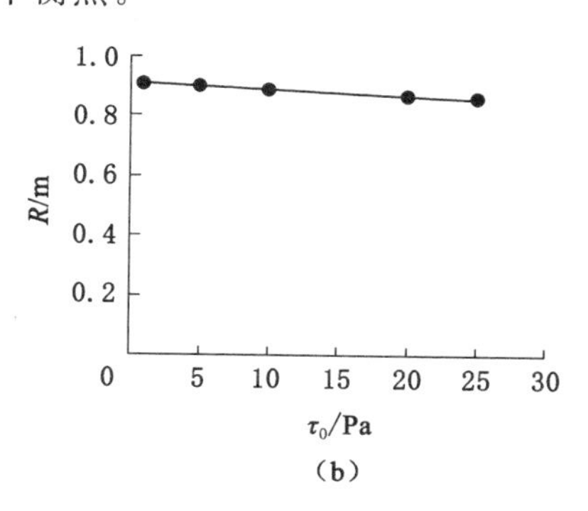

(b)

图 4-11　浆液流变性能对扩散范围的影响

第 3 章中测试表明，1 250 目超细水泥与水发生反应的表面积大，因而反应速度快，且反应较充分。在相同水灰比条件下，1 250 目超细水泥的黏度比 P·O42.5 硅酸盐水泥及(快硬)硫铝酸盐水泥高一个数量级。为兼顾 1 250 目超细水泥浆的加固效果及扩散范围，需要在注浆过程中使用分散剂。

一般情况下，水泥浆液被视为悬浊液，其中水泥微粒之间有互相吸引的内力。当注浆压力使得剪切应力超过初始剪切屈服强度后，浆液才会产生流动。本研究中，初始剪切屈服强度对浆液最终扩散范围影响不大的原因是未考虑注浆压力的影响。实际上,在井下注浆工程中一般为低压渗透注浆,浆液在一定注浆压力梯度下沿裂隙扩散。当距离注浆孔较远时,注浆压力降低到难以克服浆液初始剪切屈服强度时就会导致浆液扩散失去动力,从而影响浆液扩散范围。

4.2.4.3 注浆时间的影响

浆液扩散速度随注浆时间呈现逐渐降低的趋势。井下巷道注浆多为低压渗透注浆,注浆压力一般不大于 2 MPa,以避免对围岩产生大范围的劈裂作用。随着与注浆口距离的增加,整个裂隙中渗透阻力逐步增大,当渗透阻力和注浆压力达到平衡之后,浆液扩散范围将不再增加,如图 4-12 所示。此后继续注浆,则注浆孔内压力会持续上升,当压力上升超过一定程度会造成巷道浅层片帮或软弱围岩被劈裂,反而会弱化注浆的效果。现场施工时,为了防止漏浆,在控制注浆压力及注浆量的同时,也要控制注浆时间,一般不超过 15 min。

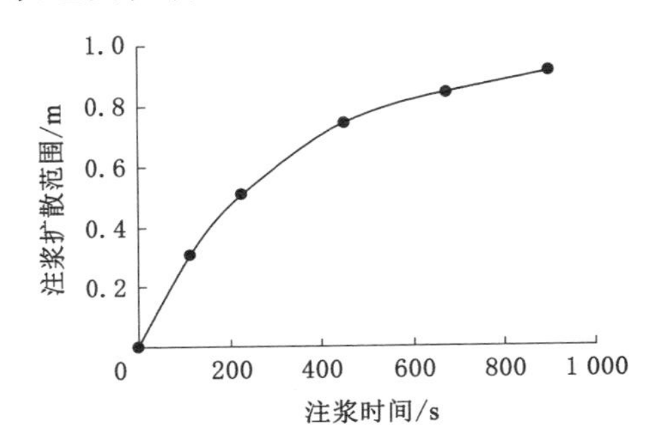

图 4-12 注浆时间对浆液扩散范围的影响

4.3 沿空留巷帮部注浆时机选择数值模拟

随着计算机技术的迅速发展和普及,数值模拟当前已成为分析矿山围岩稳定性的基本手段。在我国常用的采矿围岩稳定性分析有限元软件主要包括 ABAQUS、ADINA、ANSYS、LS-DYNA 等,离散元软件主要包括 UDEC、3DEC、PFC 等,有限差分法软件主要有 FLAC、FLAC3D 等。

FLAC 意为 Fast Lagrangian Analysis for Continuum,是可以实现"拉格朗日分析"功能的"显示有限差分程序"[152]。FLAC3D 适用于模拟岩土材料及其支护结构的非线性、大变形力学行为,特别是材料达到屈服状态后的塑性流动。在沿空留巷围岩稳定性分析中,FLAC3D 已得到大量应用。当前许多关于沿空留巷的数值模拟存在着煤(岩)本构模型选取不合理、巷道及工作面采掘活动不符合现场工程情况、以逐次稳定的分步开采代替工作面开采全过程中顶板垮落、巷道围岩破坏的动态过程等诸多不合理因素。本节中将利用 FLAC3D 中基于双屈服、塑性软化、莫尔-库仑等多种本构模型及相应的算法构建沿空巷道围岩稳定性动态数值方法，并研究沿空留巷煤(岩)体受载变形过程中巷道围岩应力、位移、塑性区发展变化过程。

4.3.1　沿空巷道围岩稳定性动态模拟实现方法

工作面开采后，在采空区上方顶板中将会形成垮落带、裂隙带、弯曲下沉带。顶板岩层的垮落是一个包含大量岩体破坏、离层、变形的复杂过程。长壁开采中，随着垮落矸石充满采空区并随后被压实，煤体内的应力集中现象也逐步趋缓。矸石垮落与岩石屈服是不同的。屈服指岩石承受的应力超过其强度，而垮落指岩石破碎成岩块在重力的作用下掉落到采空区内。Singh 等[153]模拟了长壁工作面液压支架的压力。该研究中以岩石剪应变达到 0.25 或顶板岩层下沉超过 1 m 部分作为矸石垮落的判据。实际上，直接顶垮落更多是因为岩层产生离层并最终由于拉伸破坏而垮落，而顶板下沉量与采高密切相关。因此，在数值模拟中可以采用最大塑性拉应变作为单元体位于垮落带的判据[154]。FLAC3D 中单元体拉应变定义为[155]：

$$\varepsilon^{t} = \varepsilon^{e} + \varepsilon^{p} \tag{4-13}$$

式中　ε^{t}——单元拉应变；

ε^{e}——单元弹性拉应变；

ε^{p}——单元塑性拉应变。

当岩石发生拉伸破坏时，$\varepsilon^{p} \gg \varepsilon^{e}$，此时 $\varepsilon^{t} \approx \varepsilon^{p}$。本研究中以 ε^{p} 作为块体是否位于垮落带的判据。Shabanimashcool[156]将 $\varepsilon^{p} > 0.05$ 作为顶板围岩处于垮落带的判断标准。

关于采空区的另一个关键问题是垮落带高度。矸石碎胀系数可以用来判断垮落带高度[156]。已有测试表明：矸石的碎胀系数 K_{p} 在 1.1～1.5 之间[157]；垮落矸石的孔隙度约为 0.3[158-159]，计算后可得相应碎胀系数为 1.43。如果假设垮落矸石充满采空区，碎胀系数可以表示为：

$$K_{p} = \frac{h + h_{m}}{h_{m}} \tag{4-14}$$

式中　h——采高；

h_{m}——垮落带高度。

当计算得出 $K_{p} \leqslant 1.43$ 时，则意味采空区已被充填满。

动态沿空巷道围岩稳定性数值模拟算法如图 4-13 所示。迭代过程开始后每 100 步进行一次检查。如果达到平衡，或者模型虽然没有达到平衡但顶、底板未接触并且采空区被冲填满则开挖 10 m;其他情况都继续迭代下一个 100 步，并进行下一次判断。当全部煤层都被采出时停止运算。当程序判断顶板岩层已经垮落且填满采空区的时候,改变垮落带区域块体的本构模型为双屈服本构模型,并且输入相应的本构参数。

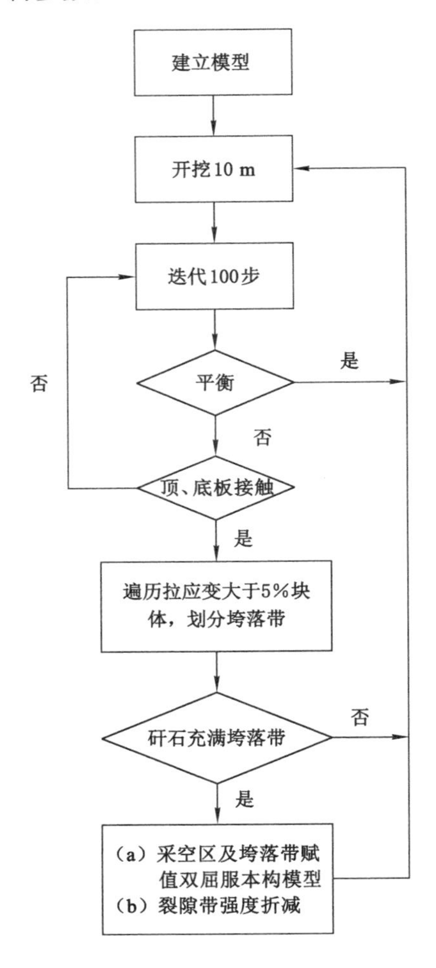

图 4-13　动态沿空巷道围岩稳定性数值模拟算法

4.3.2　最佳注浆时机数值模拟实现方法

煤体受压破坏过程呈现出应变软化特征,表现为峰后阶段煤体的黏聚力和内摩擦角减小[160]。对处于破碎流变状态的巷道围岩,如果不及时进行补充加强支护，巷道很快就会处于失稳状态。对破裂围岩注浆可以将围岩胶结为具有承载性能的整体，相当于增大了围岩的黏聚力和内摩擦角。两者的增大比例由岩石种类、破坏状态、注浆材料及参数决定。已有研究表明，围岩强度越低、破碎程度越高，注浆加固后岩石的广义强度提高越大[78]。根据第 3 章的测试结果，当水灰比为 0.8 时，P·O42.5 硅酸盐水泥、1 250 目超细水泥、高分子化学注浆材料美固 364 三种注浆材料加固后破裂煤样试件固结体强度可以恢复为完整试件的 31.43%、57.11%、85.51%，分别是完整试件残余强度的 2.55 倍、2.15 倍、5.28 倍。

在 FLAC 软件中，应变软化本构模型允许用户将材料破坏后峰后的黏聚力、内摩擦角、剪胀角表示为关于剪切塑性应变 ε^{ps} 的分段函数，如图 4-14 所示[152]。ε^{ps} 代表了岩石峰后破坏程度，随着 ε^{ps} 的增大，巷道围岩强度逐步降低。模拟巷道破裂围岩注浆加固过程可以采用 FLAC 中的应变软化本构模型。通过二次定义围岩黏聚力、内摩擦角关于剪切塑性应变的分段函数，来表现注浆加固对破裂围岩整体强度的提高。

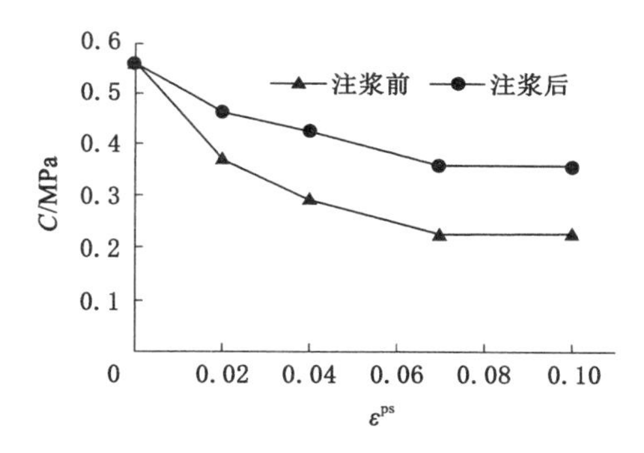

图 4-14　注浆前后煤体黏聚力应变软化模型

对于强度较低的围岩，峰后应变软化行为主要表现为黏聚力的减小，从峰值状态到残余状态岩石的黏聚力减小了约 50%，而内摩擦角基本不变[160]。为此选用 FLAC 中的应变软化本构模型，并以单元体塑性剪切应变值作为自变量对峰后围岩的黏聚力进行软化。根据周维垣、陆银龙、刘长武等[77,160-161]的研究成果可知，数值模拟中煤体应变软化参数如图 4-14 所示。

4.3.3　数值模型及基本参数

模型建立的工程背景为朱集矿 1111(1)工作面沿空留巷，根据实际煤层赋存条件及顶、底板围岩性质建立沿空留巷围岩稳定性分析 FLAC3D 模型，如图

4-15 所示。模型尺寸为 200 m×168 m×100 m(长×宽×高),煤层厚度及采高为 2.0 m,巷道尺寸为 5.0 m×3.0 m(宽×高),充填墙体宽度为 3.0 m。

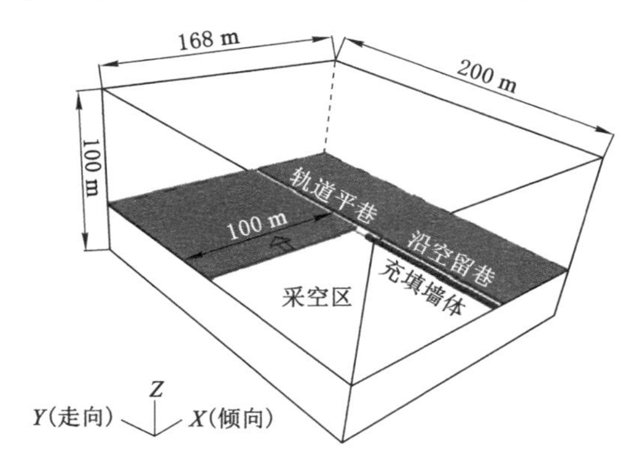

图 4-15 沿空留巷围岩稳定性分析 FLAC3D 模型图

整个模型共计 744 980 个节点,701 400 个块体。为提高模拟精度,煤层、直接顶、直接底网格被适当加密,块体尺寸为 0.5 m×1.0 m×0.5 m。在模型上部施加 16.8 MPa 压力,其他五个面为法向位移约束。网格及边界约束加入之后的模型如图 4-16 所示。

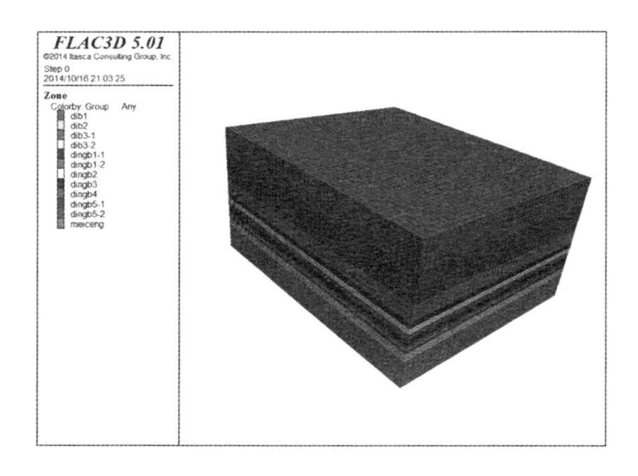

图 4-16 模型网格划分

4.3.3.1 垮落带的本构模型

FLAC 中双屈服本构模型除了考虑剪切拉伸屈服外,还包括了材料被压缩导致的永久体积缩小。垮落矸石含有大量孔隙,是具有可压缩性能的岩块堆。双屈服本构模型可以很好地模拟垮落矸石的重新压实过程[162]。其屈服准则为[155]：

$$\begin{cases} f^{s} = \sigma_1 - \sigma_3 N_{\varphi} + 2C\sqrt{N_{\varphi}} \\ f^{t} = \sigma^{t} - \sigma^{3} \\ f^{v} = \dfrac{1}{3}(\sigma_1 + \sigma_2 + \sigma_3) + p_c \end{cases} \tag{4-15}$$

式中　N_{φ}——$N_{\varphi}=\dfrac{1+\sin\varphi}{1-\sin\varphi}$，$\varphi$ 为内摩擦角；

C——黏聚力；

σ^{t}——抗拉强度；

$\sigma_1,\sigma_2,\sigma_3$——第一、第二、第三主应力；

p_c——盖帽压力。

一般认为，垮落矸石的黏聚力为 0，内摩擦角为 30°[163-164]。Salamon 应力-应变公式可以用于反演盖帽压力参数[165]：

$$\sigma = \frac{E_0 \varepsilon_v}{1 - \varepsilon_v / \varepsilon_v^m} \tag{4-16}$$

式中　E_0——初始割线弹性模量；

ε_v——体积应变；

ε_v^m——最大体积应变。

ε_v^m 可以利用碎胀系数换算为[166]：

$$\varepsilon_v^m = \frac{K_p - 1}{K_p} \tag{4-17}$$

E_0 可以通过实验室测试得出，已有研究结果表明矸石的初始割线弹性模量 E_0 约为 80 MPa[166-167]。E_0 也可以用下式计算得出：

$$E_0 = \frac{10.39\sigma_c^{1.042}}{K_p} \tag{4-18}$$

4.3.3.2　煤层的本构模型

在莫尔-库仑模型中，假设材料屈服后其黏聚力、内摩擦角、抗拉强度及剪胀扩容都不发生变化。而实际上现有研究已表明煤体屈服之后呈现出显著的应变软化现象[168-169]。采用应变软化模型可以更好地模拟深井强采动条件下煤层巷道的围岩稳定情况，用户可以自己定义煤层峰后的黏聚力、内摩擦角、抗拉强度及剪胀扩容参数。其屈服准则与莫尔-库仑模型相同[155]：

$$\begin{cases} f^{s} = \sigma_1 - \sigma_3 N_{\varphi} + 2C\sqrt{N_{\varphi}} \\ f^{t} = \sigma^{t} - \sigma^{3} \end{cases} \tag{4-19}$$

式中各变量含义同式(4-15)。

4.3.3.3 裂隙带及直接底的本构模型

直接顶垮落时裂隙带的岩层处于卸压状态；在矸石被重新压实的过程中，裂隙带的围岩应力又得到恢复。在这一过程中，岩层要经历卸载-加载的循环应力作用，部分围岩的完整性被破坏，处于峰后破裂状态，岩层的弹性模量和强度都会降低。为模拟这一情况，裂隙带的岩层采用强度折减法[170]，工作面回采后降低采空区上方裂隙带岩层的相关材料参数。裂隙带的本构模型为莫尔-库仑模型。与裂隙带相似，工作面直接底在工作面开采之后经历大规模的卸压过程，完整性被破坏，强度有所减弱。两者的屈服准则同式(4-19)。数值模拟中岩石物理力学参数如表 4-1 所列。

表 4-1　数值模拟中岩石物理力学参数

编号	层厚/m	岩性	密度/(kg/m^3)	体积模量/GPa	剪切模量/GPa	内摩擦角/(°)	黏聚力/MPa	抗拉强度/MPa
1	20	细砂岩	2 750	12.74	12.35	39	6.15	2.51
2	20	粗砂岩	2 750	10.21	10.25	38	5.58	2.31
3	12	粉砂岩	2 700	10.35	8.74	38	4.15	2.24
4	4	粉砂岩	2 600	8.35	5.74	36	3.15	2.01
5	4	砂质泥岩	2 500	3.6	2.89	29	2.35	1.32
6	4	泥岩	2 000	2.88	1.53	26	1.07	0.98
7	4	泥岩	1 700	2.51	1.58	25	0.95	0.82
8	2	煤	1 400	1.87	0.63	21	0.56	0.05
9	2	泥岩	2 000	2.64	1.54	23	1.45	1.07
10	2	泥岩	2 000	2.88	1.73	24	1.67	1.21
11	6	粉砂岩	2 400	3.88	3.53	26	2.17	1.54
12	20	粗砂岩	2 700	7.35	7.74	36	3.15	1.69
13	—	充填墙	2 500	1.72	0.86	25	0.81	2.352
14	—	垮落带[166]	1 700	13.89	0.15	30	0.001	0

4.3.4 采动应力演化规律

工作面开采活动会对工作面附近围岩的应力产生扰动，这是一个持续的不断演化的动态过程。采用沿空巷道围岩稳定性动态模拟方法分析垂直应力演化规律，具体如图 4-17 所示。

(1) 采空区及其附近围岩出现显著的支承应力区。工作面侧向支承压力峰值大于前方支承应力，且其增高速度也大于前方支承应力的增高速度。在动态开挖的情况下，工作面前方的围岩始终处于应力不平衡状态，在垂直应力尚未完

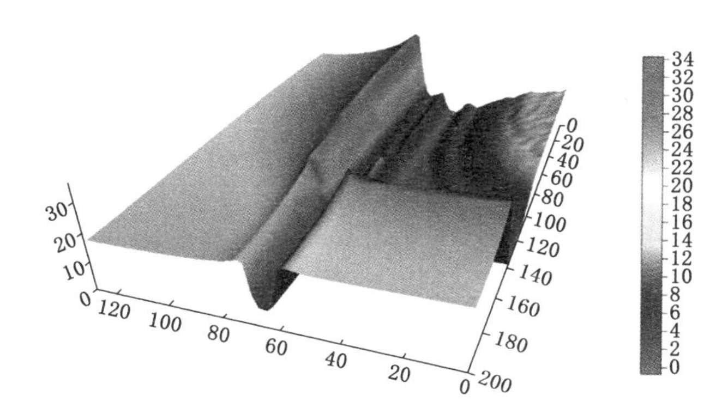

图 4-17　沿空留巷工作面垂直应力演化规律

全达到平衡的情况下就进行了下一步开挖。工作面后方的侧向围岩经历了长时间的侧向顶板围岩垮落过程，已经逐步趋于平衡，采空区垮落顶板产生的压力被传递到煤体内部。

(2) 在工作面后方 30 m 左右位置，采空区内应力即开始逐步得到恢复；在工作面后方 100 m 左右位置，部分区域应力已恢复至原岩应力。在这一过程中，侧向顶板不断旋转下沉，造成煤体不断破坏，支承压力峰值位置逐步移向煤体内侧。在工作面后方 5 m 处，煤帮内支承压力峰值深度为 6.5 m；在工作面后方 20 m 处，支承压力峰值深度为 8.5 m；在工作面后方 60 m 处，支承压力峰值深度为 11 m；在工作面后方 100 m 处，支承压力峰值深度为 10.5 m；而后支承压力峰值深度基本保持稳定。同时，侧向支承压力也不断升高，直至在工作面后方 100 m 处基本稳定在 2 倍左右原岩应力。

(3) 巷道浅部围岩及充填墙体位于应力低值区。一方面，在上方顶板形成的铰接结构的保护之下，巷道浅部围岩的支承压力显著降低；另一方面，顶板垮落过程也对侧向围岩造成了强烈的动压影响。煤(岩)体内部塑性区范围大幅度增加，承载性能降低，巷道内的锚固支护结构效能也逐步被弱化。如巷道浅部的破碎围岩不能得到及时有效的加固，巷道将很快进入流变失稳状态。

图 4-18 为工作面前后煤层倾向垂直应力变化情况，结合图 4-17，并与巷道掘进后煤层内的垂直应力相比进行分析。工作面前方垂直应力峰值出现在距离工作面 13 m 位置，应力集中系数最高为 1.67；距离工作面 5 m 及 30 m 位置应力集中系数分别为 1.62、1.34。工作面后方虽然巷道浅部围岩位于应力降低区，但其深部围岩的垂直应力随着距工作面距离的增加而不断上升。在工作面后方 5～25 m 范围，应力集中系数为 1.70；随着顶板的不断旋转下沉，到工作面后方 100 m 处时应力集中系数已增长到 1.99；而后应力集中系数基本保持稳定。

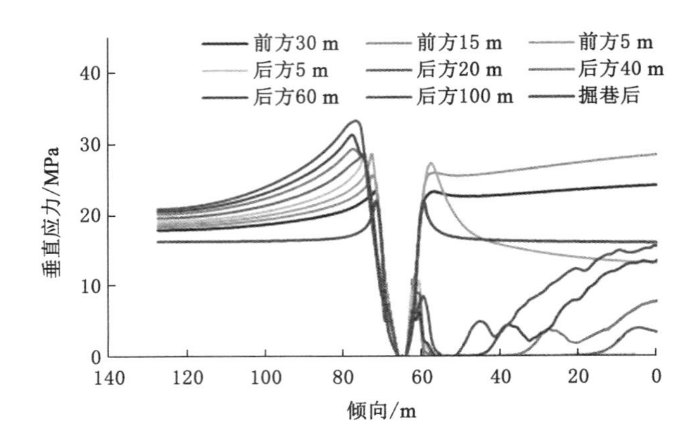

图 4-18　工作面前后煤层倾向垂直应力变化情况

4.3.5　煤帮塑性区发展过程

图 4-19 为工作面开采 120 m 时煤体内塑性区分布情况。在采动影响区之外，巷道塑性区深度仅为 1 m 左右，以剪切破坏形式为主，原始锚固支护方式在掘巷阶段较好地维护了巷道的稳定性。在工作面前方 10 m 附近，在采动应力的影响下塑性区范围开始扩展，随着煤帮中部位移量的增加，巷道表面围岩出现拉伸破坏现象。工作面后方的塑性区扩展趋势与实测及模拟巷道表面变形规律呈现出一致的阶段性特征，可以相应地分为工作面后方 0～40 m 采动影响剧烈段、40～80 m 采动影响缓和段与 80 m 以外采动影响趋稳段。在采动影响剧烈段，塑性区的深度也急剧增加，从工作面附近的 6.0 m 增加到工作面后方 30 m 时的 10 m。在采动影响趋稳段，巷道煤帮侧塑性区范围几乎不再扩展，基本保持在 12 m。然而值得注意的是，此时巷道煤帮侧变形已达到 750 mm，在工程实际中如不采取及时有效的加强支护，巷道将很快进入流变失稳状态。塑性区不断扩展，意味着煤帮稳定性的持续弱化及可注范围的不断增加。对沿空留巷煤帮进行注浆加固时，应综合考虑可注范围与围岩稳定性状态。

4.3.6　沿空留巷最佳注浆时机分析

注浆时机是巷道滞后注浆的最重要参数，在合适的时机对巷道围岩进行注浆才可以及时修复受损的锚固体，令围岩与支护结构重新成为有效承载结构。已有研究表明巷道围岩滞后注浆存在最佳注浆时机[171-172]。

沿空留巷最佳注浆时机原理如图 4-20 所示。图中实线 1 代表了无注浆加固的巷道帮部围岩变形规律，虚线 2～5 代表了在沿空留巷的不同阶段进行注浆

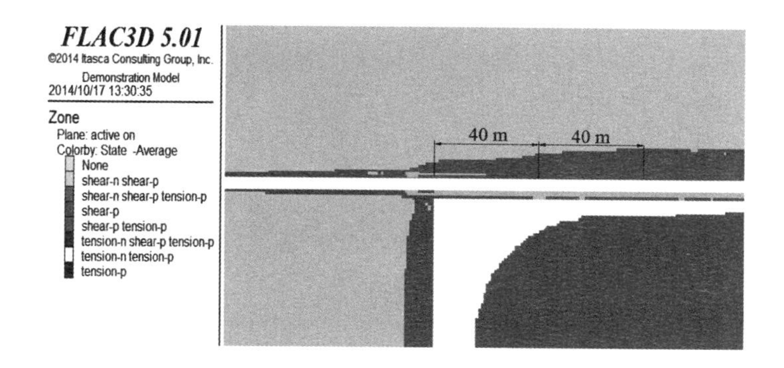

图 4-19　煤体内塑性区分布情况

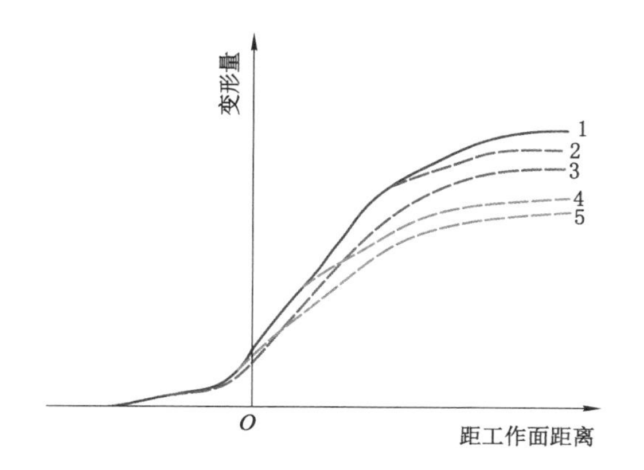

1—无注浆加固；2—注浆加固过晚；3—注浆加固过早；4，5—最佳加固时机范围之内。

图 4-20　沿空留巷最佳注浆时机原理

加固后巷道帮部围岩变形规律。若加固时间过早，围岩内部尚未形成有效的裂隙渗透路径，加固效果较差，在采动应力的影响下巷道围岩及支护结构会产生大变形破坏。虚线 3 表现为注浆前后曲线斜率改变不大，即巷道变形速度降低很小，与无注浆加固围岩变形呈现出近似的趋势，虚线 2 代表了加固时机过晚时巷道帮部围岩变形趋势。与注浆前相比，虽然注浆显著降低了巷道变形速度，但巷道围岩大范围松散破坏已经形成，锚固支护结构遭到破坏，单纯依靠注浆已无法阻止巷道的失稳变形。虚线 4、5 是工作面前后最佳注浆时机的代表。在巷道经受强烈采动应力且锚固支护结构未发生大范围破坏时进行注浆，可以及时强化原有支护结构，加强锚杆与围岩之间的黏结力。同时注浆胶结过的表面破碎围岩重新形成承载整体，使得大变形巷道中锚杆（索）增阻速度大幅提高。

根据牛双建等[173]的研究成果，将剪切塑性应变达到0.007作为围岩进入破碎状态的判别标准，把$\varepsilon^{ps}>0.007$的区域视为浆液可渗透区域。图4-21所示为工作面前后不同位置浆液可注入范围。

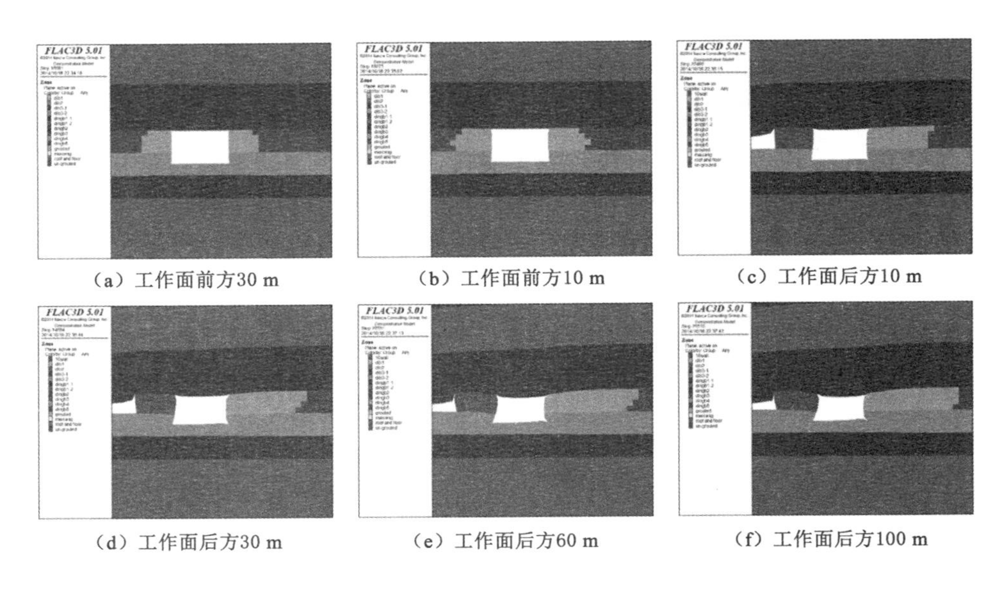

(a) 工作面前方30 m　(b) 工作面前方10 m　(c) 工作面后方10 m

(d) 工作面后方30 m　(e) 工作面后方60 m　(f) 工作面后方100 m

图 4-21　工作面前后不同位置浆液可注入范围

将浆液可注入范围与工作面后方巷道受采动影响的三个阶段及帮部巷道围岩变形量进行对比可以发现三者密切相关，如图4-22所示。

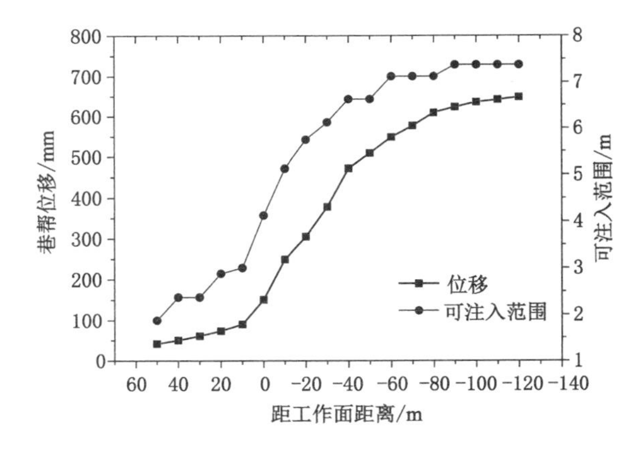

图 4-22　浆液可注入范围与工作面位置关系

在工作面前方采动影响区域之外，巷道帮部变形量较小，围岩塑性区深度仅为1 m左右，并且塑性区范围内的剪切塑性应变也不大，围岩整体保持完整，可注入深度小。在工作面前后强烈采动影响区域，巷道围岩完整性被破坏，围岩内部产生大量裂隙并逐步扩展，巷道变形量快速增长，帮部围岩破坏形式表现为剪切流动型。围岩内快速增长的剪切塑性应变量在模拟中使得围岩可注入范围逐步增加。在采动影响趋稳段，顶板活动趋于平稳，巷道围岩应力环境达到平衡状态。此时，巷道表面围岩已发生大范围塑性破坏，浆液可注入范围不再增加。

图4-23表示在工作面不同位置进行注浆，留巷后当该位置位于工作面后方120 m时此处巷道围岩变形量。整体而言，无论何时进行注浆固结破碎围岩，巷道帮部变形量都得到不同程度的控制。图4-23中曲线呈"U"形，说明采用注浆固结沿空留巷煤帮破碎围岩存在最佳注浆时机。在工作面前后强烈采动影响区进行注浆可以达到最佳注浆效果。在这一区域，帮部围岩已经开始产生大量裂隙，而且围岩破碎区范围尚未扩展到锚固范围之外。此时，锚固体与围岩之间的相互作用处于临界状态，锚固体已发挥最大支护效能。在工作面前后强烈采动影响区注浆，可以修复受损的围岩和锚固体，使围岩破碎部位重新黏结。在工作面后方强烈采动影响区之外注浆，虽然注浆加固圈较强烈采动影响区注浆加固圈大，但此时锚固支护结构已部分失效，失去主动约束围岩的能力，并且巷道已经发生比较大的破碎变形，注浆效果较差。

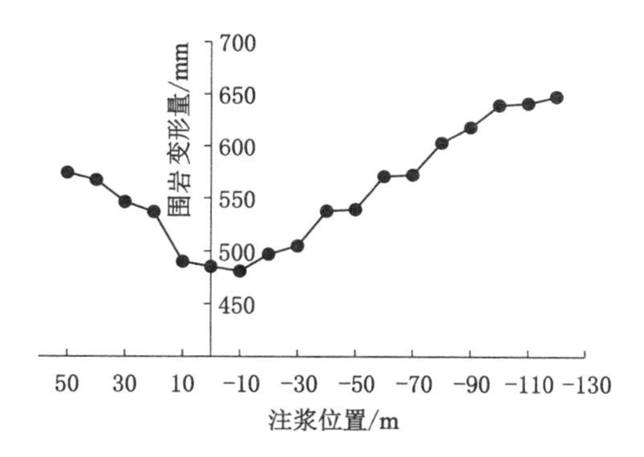

图4-23　工作面不同位置注浆后巷道围岩变形量

4.4　本章小结

（1）钻孔窥视结果表明，在超前采动影响剧烈段煤壁内产生大量的新生裂隙并且造成原有裂隙进一步扩展，但巷道表面的破碎区范围并未大幅度增加。

在工作面后方采动影响剧烈段内，无论裂隙发育范围还是破碎区宽度都大幅度增加，煤帮内部也开始出现破碎区。浅部围岩破碎鼓出，部分围岩-支护承载结构处于峰后破坏状态。在工作面后方采动影响趋缓段，煤帮裂隙发育范围扩展到 6 m 以深，裂隙宽度进一步增大。巷道表面围岩处于松散破碎状态，锚固支护结构托锚力大幅度衰减或已经丧失，巷道处于低约束状态下的塑性流动状态。

（2）采用蒙特卡洛方法生成随机宽度单裂隙并基于有限元的思想将浆液在平面内扩散的问题转化为在一维管路中流动的问题。通过编制 Fortran 程序并采用牛顿迭代法求解浆液在管路中流动的方程组。分析结果表明，裂隙张开度均值越大则浆液扩散范围越大。随着裂隙张开度的标准差的增加，浆液渗透分布情况逐步呈现非匀称趋势。当浆液黏度增加时浆液扩散半径急剧减小，而初始剪切屈服强度对浆液扩散半径影响不大。浆液扩散速度随时间呈现出逐渐降低的趋势，当渗透阻力和注浆压力达到平衡之后浆液扩散范围将不再增加。

（3）建立沿空巷道围岩稳定性动态模拟实现方法，煤（岩）体采用应变软化本构模型。通过二次定义可注入范围煤（岩）体黏聚力关于剪切塑性应变的函数，来表现注浆加固对破裂煤（岩）体整体强度的提高。模拟结果表明，留巷后侧向顶板旋转下沉，造成煤体不断破坏，支承压力峰值位置逐步移向煤体内侧，在采动影响剧烈段煤帮塑性区的深度急剧增加。浆液可注入范围扩展规律与巷道表面位移规律高度一致，可以将巷道表面位移作为判别注浆时机的参考标准。

（4）在距离工作面不同位置注浆后，煤帮最终变形量呈“U”形，说明注浆固结煤帮破碎围岩存在最佳注浆时机。在工作面超前及滞后采动影响剧烈段，围岩裂隙张开度急剧增大，巷道围岩可注入性能也因此迅速增大，此时围岩-锚固承载结构已部分弱化损伤。因此，在工作面强烈采动影响区且巷道围岩浅部破碎区尚未扩展超过锚固范围时，应及时对巷道围岩进行注浆加固。

第 5 章　沿空留巷采动破碎煤帮重构关键技术

深井巷道采动破碎围岩的变形表现出不同于连续介质的特点[174]。在采动影响剧烈期，巷道围岩变形速度快，围岩损伤深度大；在采动影响趋稳期，则经常出现长时流变现象。强烈的采动影响会导致沿空留巷煤帮内部发生损伤，锚固支护结构弱化、失效，巷道表面围岩产生大范围变形破坏。在这种复杂的围岩、应力条件下，沿空留巷煤帮如果不采取合适的围岩控制技术则很有可能在长时维护中产生变形失稳。为此，必须在沿空留巷的不同阶段根据巷道的围岩赋存及应力演化特征，有针对性地实施相应的支护技术。

5.1　煤帮承载结构重构技术体系及基本原则

按照巷道与工作面采掘位置的关系及各阶段维护特点，可以将沿空留巷分为掘进期间、工作面前后强烈采动影响期间、长时维护期间。深井强采动沿空留巷围岩控制贯穿于整个留巷期间，需要在不同的留巷阶段有针对性地使用不同的围岩控制技术，以便充分发挥围岩-支护结构的整体承载性能，从而保障巷道围岩在整个留巷阶段的稳定。沿空留巷煤帮稳定性直接关系到留巷的成败，帮部围岩控制关键技术在深井强采动沿空留巷围岩控制技术体系中具有举足轻重的作用。深井沿空留巷采动破碎煤帮稳定性控制技术体系图 5-1 所示。

针对以上技术体系，在具体实施和应用上述围岩控制技术时还应当遵循以下原则。

5.1.1　巷道全断面整体控制，煤帮区域加强支护

深井留巷相对于浅部留巷的一个重要区别就表现在全断面来压，且相互影响。浅部留巷只要保证顶板的稳定性即可取得成功；而深部留巷时，顶-帮-底构成一个互为依存的承载结构，顶板的变形将加剧帮部和底板的变形与失稳，反过来帮部和底板的变形和失稳也将最终导致顶板的失稳。因此，进入深部以后仍然采用过去的单一控制方式已无法起到作用，需要针对顶-帮-底进行全断面加固，才能修复和重构留巷围岩承载结构，才有可能取得良好的控制效果。

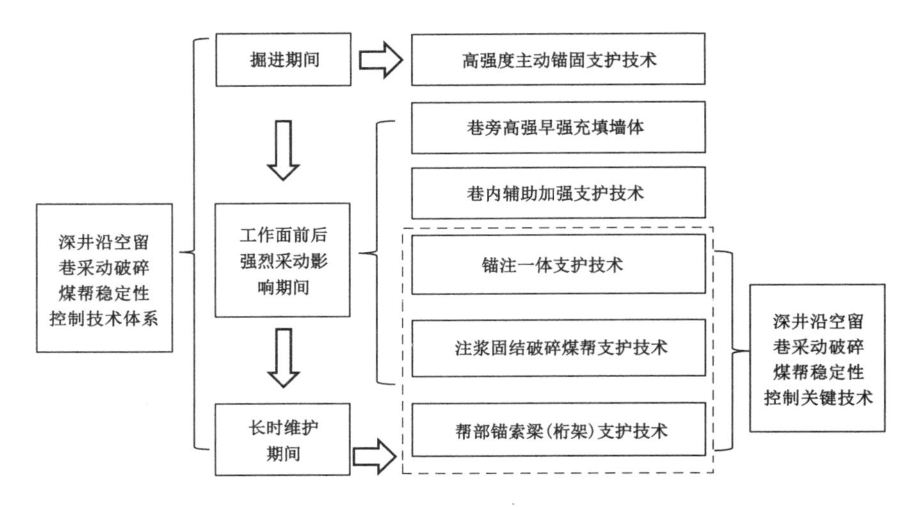

图 5-1　深井沿空留巷采动破碎煤帮稳定性控制技术体系

此外，在顶-帮-底这个整体承载系统中，由于煤系地层的赋存条件，一般而言，帮部围岩的强度要明显低于顶板和底板围岩的强度，与此同时，由于顶板在留巷期间的强烈回转，使得帮部煤体不仅承受着采动侧向支承压力的作用，还经历了顶板回转的力矩影响，使得帮部煤体产生大范围松动和破坏，煤帮对顶板的支撑效应也大大削弱。因此，煤帮成为顶-帮-底承载系统中控制整体承载结构稳定性的关键部位，需要针对此关键部位进行重点加强支护，进而修复和重构帮部承载结构，强化煤帮对顶板的支撑效应及底板的约束效应，进而确保顶-帮-底整体承载系统的稳定。

5.1.2　动态加固、合理优化各种支护手段施工时机

沿空留巷工程涉及巷道掘进、工作面回采超前加固、工作面强烈影响期间加强支护、巷道围岩稳定长时维护等多个工序。在采掘影响的不同阶段针对巷道不同围岩、应力赋存特征需要有针对性地采取不同支护方式。

（1）掘巷期间。深部煤层巷道围岩赋存条件复杂，松散破碎范围大，煤岩体处于高地应力、高瓦斯、高冲击、高地温、高渗透压、采、掘扰动的“五高两扰动”状态。为保持围岩稳定性需要采用高预紧力锚固支护技术改善围岩应力状态，将巷道表面围岩向三向应力状态转化。采用高强度锚固支护材料，提高围岩整体的内聚力及内摩擦角，限制围岩的破裂变形及剪切滑移。与高强度锚固支护材料配套的是高刚度的护表构件，如钢筋网、M 型钢带、大锚索托盘等，将高预拉力分散到整个围岩表面。

(2) 超前强烈采动影响期间。超前强烈采动影响期间,采动应力扰动将很容易使岩体变形超过之前锚固系统自有的抗扰动储备能力。但在应力影响区之外,帮、顶补打锚索梁进行优化加固,在围岩内部提供较大的抗剪切阻力,阻止围岩内部裂隙被进一步活化。锚索梁将明显强化之前锚固系统的次生承载能力,锚索施加的较大预紧力最大化挤压岩体内部有潜在活化特质的大节理、大裂隙、不连续弱面,从而提高整体的强度。如围岩裂隙较为发育时,可以进行超前注浆。

(3) 滞后强烈采动影响期间。工作面开采的强采动应力会导致巷道围岩内部产生裂隙,致使锚固支护结构弱化,在巷道帮部围岩浅部出现破碎区。破碎围岩注浆固结过程中可以将粒度小于 0.2 mm 的注浆材料压入岩体内部,从根本上黏合修复岩体内部潜在的节理、裂隙。在经过掘进扰动和超前采动应力扰动之后,内部裂隙已经充分发育,为浆液提供了可能的流动通道,这将促使节理裂隙化岩体被重新固结,受损锚固结构得到修复。

(4) 长时维护期间。经历以上三个依据不同时段而采取的不同支护技术后,巷道的变形量得以控制,浅部塑性区被滞后注浆加固,岩体整体稳定性得以提升。同时,注浆后锚杆基本转变为全长锚固型,锚固系统可靠性得以改善。在后期巷道维护中,需要做到的是巷道的长时稳定,沿空留巷中巷道要承受侧向压力和下一工作面的超前采动应力,在小部分地段可以根据具体情况进行小规模的局部修复,诸如在薄弱断面补打强力锚杆(索)等。

5.1.3 锚注结合,通过注浆固结破碎围岩并修复受损锚固体

在初次开挖和后期多次应力扰动的情况下,巷道两帮强烈移近难以避免,大规模的塑性区甚至破碎区孕育并发展,煤体内部潜在裂隙被激活,并延展汇合最终发育成为内部宏观裂隙和表面宏观裂隙。即使掘巷时及时支护,这种非均质缺陷的煤(岩)体内部的裂隙并不能被锚固系统限制进一步发育,尤其在后期多次应力扰动情况下,煤(岩)体内部的裂隙成形并最终致使锚固系统发生渐进性的界面脱黏,这是深部煤巷锚杆支护失效的主要形式之一。针对这种煤(岩)体的先天内部缺陷,有效的修复方式是注浆锚固相结合的复合技术,要解决的问题就是黏结巷道周边松散(岩)体,从而形成一种不可见的隐形帷幕。注浆锚固修复前后帮部裂隙对比如图 5-2 所示。

帮部岩体未考虑注浆时,内部裂隙已经充分发育,尽管及时采取了锚杆支护加固此类岩体,内部的裂隙只能小范围内因锚固作用而闭合。锚固区之外的岩体裂隙仍然充分发育,成为后期锚固失效的主要诱因之一。当这种不完整锚固形式受超前采动应力、滞后采动影响和侧向压力的多重影响之下,锚固区之外的裂隙向锚固区之内扩展延伸是不可避免的。在工作面采动影响期间及时采取注

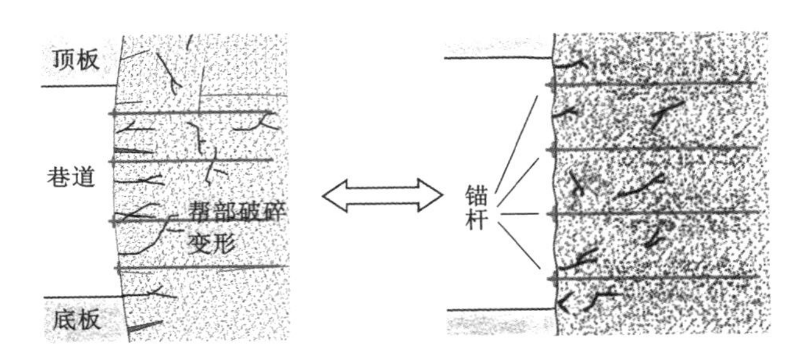

图 5-2　注浆锚固修复前后帮部裂隙对比

浆措施，将已有裂隙在最大范围内进行整体性固结，煤体原有缺陷被弥补成为一个整体，原先非均质的特性被均质倾向化。由于煤体强度被强化，原有的弱化结构消失，新的锚固方式不再受到界面失效的干扰。注浆强化后的煤体在锚固系统的双重保护作用下，煤帮的再次大位移、大变形将被最大限度地遏制。

值得一提的是，煤(岩)体内部非弹性变形和破裂碎胀分布特征对深部巷道的维护有着重要意义。对于这种巷道周边破损区较为严重的围岩支护而言，科学的支护方式是首先采用注浆的方式对这种破碎区进行完整度和整体性的修复；然后采用锚杆锚索协同承载的理论，浅部的锚杆较短，主要用来提高浅部围岩的完整度和抗剪性能，而锚索能深入岩体内部 6 m 以深的位置，这可以充分调动深部破损程度较轻的大块岩体的承载能力，从而和浅部锚杆相互配合。这种方式可有效避免裂隙扩展，同时也利用了碎胀煤(岩)体本身自有的趋稳结构效应。

5.2　锚注一体支护技术

5.2.1　普通锚索支护失效类型

大量工程实践表明，普通锚索在动压软岩巷道中剪断、退锚、拉断、抽丝现象严重。锚索剪断主要表现为钢绞线断口与锚索横截面成 45°夹角，断口平滑，有 2～3 根钢绞线断口与锚索横截面平行，断口凹凸不平；锚索退锚则表现为一个渐进过程，钢绞线与夹片之间逐渐发生滑移而退锚，锚索退锚后失去支护效能，容易引发巷道大变形；锚索抽丝主要表现为钢绞线端部的夹片不在同一平面上，受力不均导致钢绞线收缩不均匀。特别是在扰动巷道中，锚索支护失效现象更为严重。朱集东煤矿 1121(1)工作面平均采深为 910 m，其运输平巷离开切眼 625～680 m 段在受工作面采动影响下，大量锚索发生退锚、破断现象，统计表明该区段巷道内 60%～80%的锚索梁、单体锚索发生退锚、破断现象，如图 5-3 所示。主要原因包括如下几个方面：① 偏载导致锚索剪断；② 锚索、锁具强度不匹配导致锚索退锚；③ 锚索品质及施工质量导致锚索抽丝；④ 锚索延伸率不足导致锚索拉断；⑤ 动压影响造成锚索破坏进一步加剧。

(a) 锚索退锚

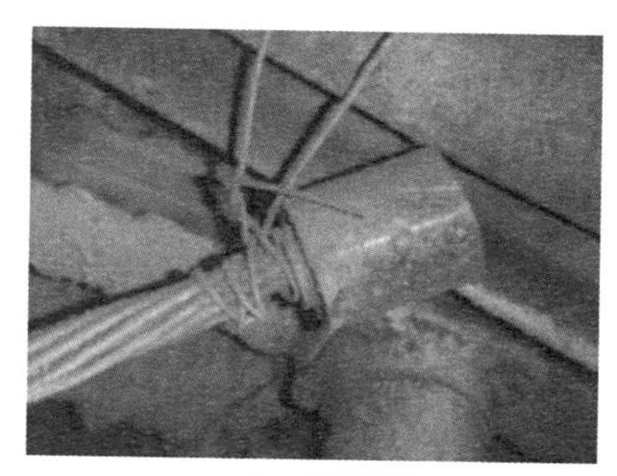

(b) 锚索破断

图 5-3 锚索破断形式

5.2.2 中空注浆锚索技术优势

中空注浆锚索有机地将高预紧力锚索支护与围岩注浆相结合，实现高预应力的同时还可以实现锚索全长锚固，注浆后可以改善大范围内围岩力学性质，有效控制围岩塑性区发育，提高围岩强度并改善支护体受力状态。相对普通锚索，中空注浆锚索具有以下几个技术优点：

(1) 承载能力高。中空注浆锚索可以提高杆体承载强度，研究表明中空注浆锚索承载强度是普通锚索的 3～8 倍。

(2) 强化围岩力学性质，提高围岩承载性能。中空注浆锚索通过水泥浆液、化学浆液注浆后能够提高巷道围岩完整性和承载强度，深井动压巷道围岩产生大变形、极度松散破碎等现象的原因之一是围岩完整性在承受强采动、高地应力的情况下遭到极大破坏，导致围岩残余强度降低甚至为零。因此，对于此类巷道的稳定性控制，从提高围岩完整性入手，改善围岩应力分布。中空注浆锚索先通过树脂药卷端锚实现高预应力，随后对围岩表面进行喷浆处理，最后对中空注浆锚索进行高压注浆。理论计算表明，中空注浆锚索支护时围岩强度分别是无支护、锚杆支护、普通锚索支护时的 3.0 倍、2.0 倍、1.5 倍。

(3) 有效控制巷道帮部围岩变形。深井沿空留巷与其他巷道相比，除在开挖初期和上一工作面回采时超前支承压力作用下产生一定范围的破碎区和塑性区外，最大的区别在于受工作面滞后采动压力和下一工作面回采时超前支承压力的影响，巷道原有破碎区和塑性区将进一步扩大，导致留巷大变形甚至失稳破坏。通过在深井沿空留巷内使用中空注浆锚索，包括煤岩界面处破碎层在内的大范围围岩的力学参数、完整性、强度得到改善和提高。黏聚力、内摩擦角和实体帮支护阻力的提高,使沿空留巷实体帮的塑性区半径减小,有效控制留巷在本工作面强烈采动影响下的实体帮变形量。

5.2.3 中空注浆锚索施工要点

(1) 锚索的运输与保护。中空注浆锚索运输过程中应小心轻放,避免损坏锚索尾部螺纹,保障锚索顺利预紧和注浆。中空注浆锚索中部注浆管为塑料管,锚索运输过程中应避免锚索过大弯折而导致注浆管破断,影响注浆效果。

(2) 锚固长度的选择。中空注浆锚索强调锚索全长锚固的同时对锚索预应力要求较高,端部一般采用2~3卷Z2350型树脂药卷进行锚固,不宜采用过多药卷,避免注浆时无法注入或注浆效果差。

(3) 注浆材料的选择。注浆一方面实现锚索全长锚固,另一方面强化围岩力学性能,注浆材料的选择至关重要,一般采用普通水泥单浆液作为注浆材料,可以满足普通巷道围岩控制要求。但对于动压巷道围岩大变形问题,由于普通水泥浆液黏结性能差,具有微缩、析水性质,在巷道经受动压影响时,围岩裂隙容易沿着水泥浆液固结面二次发育,不利于围岩完整与稳定,应采用具有微膨胀的化学浆液或复合注浆材料进行注浆加固。

(4) 合适注浆时机的选择。中空注浆锚索需要选择合适的注浆时机,在巷道掘进初期,巷道围岩较为完整,锚索施工后立即注浆一般无法注入或注浆量小,注浆效果差。在超前及滞后工作面强烈采动影响阶段,巷道浅部煤体普遍进入破裂区与塑性区,裂隙较为发育,承载能力大大降低。注浆可使浆液渗透填充到微小裂隙,固结破裂煤体,形成再生承载结构。采动破碎煤体注浆固结可以在这一阶段进行。

5.3 注浆固结破碎煤帮支护技术

5.3.1 注浆固结破碎围岩基本原理

深井沿空留巷的变形一般呈现阶段性的持续增长,在工作面前后强烈采动影响期间巷道变形速度快,矿压显现强烈;随着观测位置远离工作面,巷道变形速度及围岩内部损伤深度扩展速度都逐渐减缓。在这一过程中巷道塑性区范围逐步增加,承载能力显著下降,帮、底产生大变形。而如果简单地采用卧底的方式移除挤入巷道内的破碎围岩,则会产生更大范围的底角承载性能弱化区,进一步弱化围岩整体的承载性能。因此,当沿空留巷煤帮受到采动损伤之后需要进行注浆。注浆加固可以固结破碎围岩使其成为承载整体并修复受损的锚固结构，强化其锚固性能，保持围岩的长期稳定。

在沿空留巷的区段煤巷内，由于压力持续作用于巷道两帮，煤巷内的裂隙持续孕育并发展，直至发育为内部或者表面宏观裂隙，导致巷道失稳破坏。虽然在挖掘成巷时，巷道及时支护，表现状况良好，但是在沿空留巷这种动压的持续作用下，巷道必然会发生失稳破坏。此时，注浆加固是一个非常好的二次加固方法。注浆后，帮部煤体内的裂隙被胶结充填，煤体的黏聚力、内摩擦角、弹性模量等岩石力学参数显著提升，裂隙的尖端应力集中被大大削弱。这样注浆加固技术完成了对煤巷破裂煤体完整度和强度的修复，然后再利用锚杆锚索的协同承载理论，通过短锚杆控制浅部煤巷围岩的抗剪强度和完整度，再配合长锚索充分调动深部破损程度较轻的大块岩体的承载能力，从而和浅部锚杆相互配合。这样，沿空留巷的煤巷在注浆、锚杆、锚索的三重保护体系下，可有效抗衡回采动压影响，避免裂隙继续扩展，巷道的帮部稳定性大大提高，增加了回采的安全系数，提高了煤矿的经济效益。

5.3.2　注浆材料选取

注浆材料是决定注浆效果好坏的重要因素之一，而浆液的种类和使用量又决定煤矿的开采成本和经济效益。目前，国内外沿空留巷常用的注浆材料大致可分为两类：水泥基注浆材料和化学注浆材料。

水泥基浆液一般是悬浊液型。由于固体颗粒悬浮在液体中，所以这种浆液容易离析和沉淀，沉降稳定性差，结石率低。另外，浆液中含固体颗粒尤其是较大颗粒，使浆液只能进入裂隙开度大于 0.2 mm 的巷道围岩裂隙中。水泥基注浆材料完全发挥力学性能需要一周甚至更长时间，对于工作面附近强烈变形的沿空留巷，水泥基注浆材料加固即时性较差。但是由于水泥基注浆材料具有来源广泛、强度高、耐久性好、无毒、价格低廉等多方面优点，因此当前仍是主要的矿用注浆材料。水泥基注浆材料的性能可以通过添加剂的方式加以改进。

化学注浆材料按其性能与用途分为两大类 6 种，具体如图 5-4 所示，不同种类的化学注浆材料，其物理力学性能、水化性能、流变性能均不同。

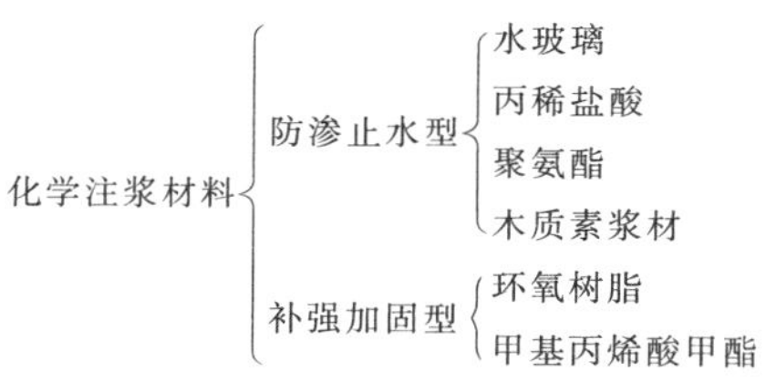

图 5-4　化学注浆材料分类

美固 364 是一种双组分、不含溶剂的硅酸盐树脂，可以用于快速胶结固化破碎的煤(岩)层及封堵漏风，可以渗入宽度为 0.14 mm 的裂隙。与马丽散不同，美固 364遇水不发生关联化学反应，在井下固结含水围岩时固结体强度更高。美固 364 技术参数* 如表 5-1 所列；美固 364 固结过的破碎煤岩体如图 5-5 所示。

表 5-1　美固 364 技术参数*

有流动性时间/s	90±30	凝结时间/s	150±30
抗压强度/MPa	34	膨胀倍数	1
与混凝土黏结强度/MPa	3.6	* 指 23 ℃环境下测得值	

图 5-5　美固 364 固结过的破碎煤岩体

5.3.3　注浆时机选择

破碎围岩注浆时机的把握尤为重要。注浆时机过早，此时距离开挖时间短，裂隙并没有被足够的应力扰动激活并汇合扩展，这个时机的注浆效果不理想，现场表现为跑浆、漏浆严重，原因就在于煤(岩)体的低渗透性和初始高地应力性。因此，对注浆时机的把握必须综合权衡现场地质条件等多方面因素后，把握合适的注浆时机。

根据不同的地质条件、水文地质条件及施工对象(开拓巷道、准备巷道和回采巷道)，可选取不同的施工方案。注浆参数一般依据注浆压力、浆液扩散半径、凝固时间和浆液浓度四个条件来选取。

5.4 帮部锚索梁(桁架)支护技术

对于深井沿空留巷实体帮变形大等特点，采用注浆锚索和帮部喷注浆对深部煤体裂隙区域进行密实加固，防止深部裂隙圈发育过大对锚杆(索)锚固区域造成过大的损伤。因此，帮部锚索梁(桁架)均是在喷注浆基础上施工的。

5.4.1 帮部锚索梁(桁架)支护原理

帮部锚索梁(桁架)支护系统是由预应力锚索和槽钢共同构成的，该系统能够在沿空留巷煤帮形成较高的支护承载能力。特别的是，锚索可以深入煤(岩)体内部，可有效调动深部围岩和支护系统共同形成较高的承载能力，从而改变深部煤(岩)体的力学结构，再者可配合帮部锚杆的使用，在沿空留巷实体煤帮形成两级协调承载结构，可大大提高围岩自身的结构稳定性，提前控制沿空留巷实体煤帮塑性破坏。

采用锚索梁(桁架)对沿空留巷实体煤帮进行加强支护，主要是由于此种支护存在以下特点：① 该支护系统主要通过钢绞线施加高预紧力，这样一方面可以有效减少或者抵消实体煤帮因回采带来的帮部大变形或实体煤帮向巷道临空方向内挤，另一方面可以增加锚杆(索)锚固范围内实体煤的外向挤压力，避免实体煤帮大面积片帮。② 帮部施工锚索，由于锚索长度较大，这样倾斜穿层到煤层上方顶板岩层内的锚索能够提供较强的抗剪能力，煤(岩)体变形松动就必须克服锚索提供的绕流阻力，有效稳定煤层深部的锚杆锚固点。③ 帮部锚索梁(桁架)支护系统在力学结构上既可以承受一定的弯曲变形，又可以保证高预紧力钢绞线不会因为帮部变形过大而被拉进松软的煤体中而失去设计的承载能力，符合“锚-让”结合的支护思想，为帮部锚索梁(桁架)支护系统高预紧力的发挥提供稳定的锚固基础。④ 锚索梁(桁架)系统主要采用槽钢与实体煤帮进行力学接触，大大增加了护表面积和支护强度，钢绞线与槽钢能够随着帮部煤体变形而协调适应，提高主动支护的控制作用。

5.4.2 帮部锚索梁(桁架)支护结构与施工

已有研究结果表明，增加锚固深度可以调动围岩深部的承载性能，通过高预拉力的锚索约束表面围岩可以将围岩的受力状态从受拉优化为受压。在巷道帮部施工锚索梁(桁架)可以有效控制实体煤帮的较大变形，通过控制实体煤帮来达到维护沿空留巷围岩整体稳定性的目的。帮部锚索梁(桁架)支护结构主要是由两根预应力钢绞线、槽钢和对应的配套托盘组成，两根钢绞线主要是通过桁架连接器连接。

帮部锚索梁(桁架)支护结构如图 5-6 所示。帮部垂向锚索梁(桁架)主要是将两个施加了预应力的锚索钢绞线分别施工在靠近帮部顶角和底角的深部煤(岩)体中,并使用小于巷帮高度的槽钢作桁架梁垂直布置,钢绞线以一定角度上仰及下扎。两根锚索采用加长锚固以保证锚固效果,用桁架连接器连接两根锚索,形成围岩表面约束结构。帮部走向锚索梁(桁架)则是槽钢沿巷道走向方向布置,布置位置相对比较灵活。

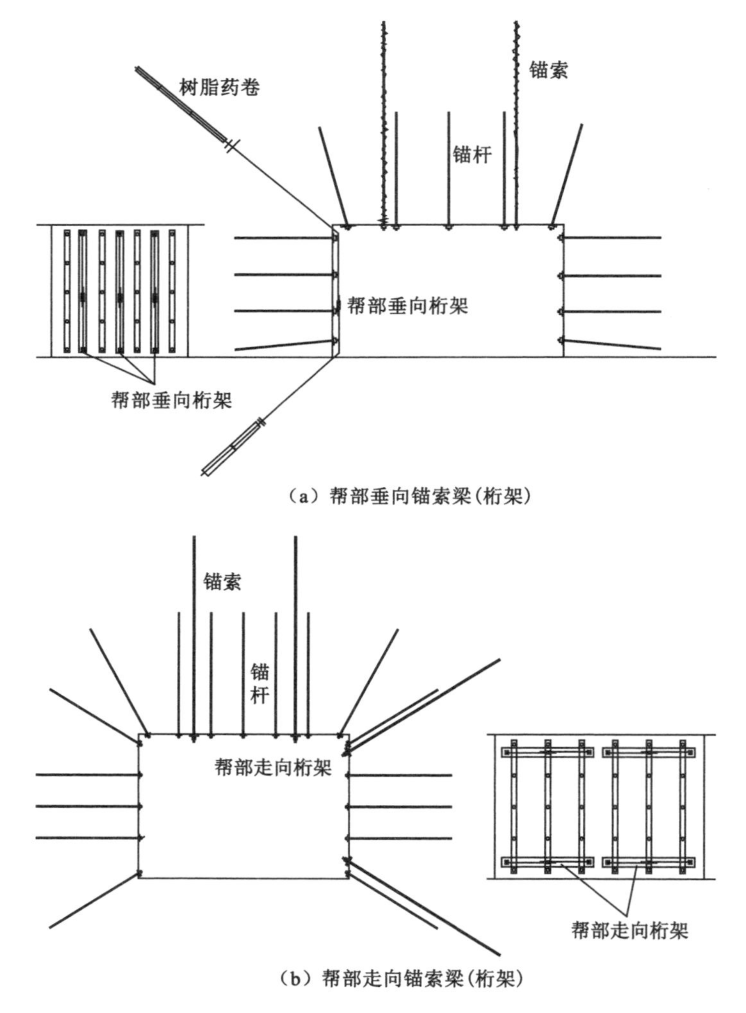

(a) 帮部垂向锚索梁(桁架)

(b) 帮部走向锚索梁(桁架)

图 5-6　帮部锚索梁(桁架)支护锚索梁

在深部沿空留巷巷道周边压力较大时，锚索梁（桁架）和槽钢都将会受到很大作用力，这时槽钢上孔位很容易被撕裂，因此在加工时可提前在槽钢眼孔内侧加一个加强筋，加强筋材料可用 6～10 mm 的圆钢或钢片来加工。锚索梁（桁架）支护留巷实体煤帮效果如图 5-7 所示。

图 5-7　锚索梁（桁架）支护留巷实体煤帮效果图

5.5　本章小结

（1）提出沿空留巷煤帮稳定性控制技术原则：① 巷道全断面整体控制，煤帮区域加强支护；② 动态加固，合理优化各种支护技术施工时机；③ 锚注结合，通过注浆固结破碎围岩并修复受损锚固体；④ 及时修复大变形巷道，防止围岩流变失稳。

（2）总结形成锚注一体支护技术、注浆固结破碎煤帮支护技术、帮部锚索梁（桁架）支护技术等多项帮部围岩控制关键技术。

① 锚注一体支护技术。中空注浆锚索有机地将高预紧力锚索支护与围岩注浆相结合，实现高预应力同时实现锚索全长锚固，注浆后可以改善大范围内围岩力学性质，有效控制围岩塑性区发育，提高围岩强度并改善支护体受力状态。

② 注浆固结破碎煤帮支护技术。注浆可以固结破碎煤体使之成为承载整体，提高煤体的黏聚力、内摩擦角、弹性模量等岩石力学参数，削弱裂隙的尖端应力集中并修复受损的锚固结构，强化其锚固性能，保持围岩长期的稳定。

③ 帮部锚索梁（桁架）支护技术。帮部锚索梁（桁架）支护系统能够在沿空留巷实体煤帮部形成较高的支护承载能力，特别的是，锚索可以深入煤岩体内部，可有效调动深部围岩和支护系统共同形成较高的承载能力，从而优化巷道表面围岩的受力状态。

第 6 章　工业性试验

为将以上各章研究成果在工程实践中进行验证，选取了潘一东矿 1252(1)工作面、谢桥矿 12418 工作面两个典型深井沿空留巷工程作为工业性试验点。两条巷道分别采用锚注一体支护技术、注浆固结破碎煤帮支护技术，强化并重构采动破碎煤帮，试验取得了成功。

6.1　锚注一体支护技术维护沿空留巷煤帮稳定性工程案例

6.1.1　潘一东矿 1252(1)工作面地质条件

1252(1)工作面煤层厚度为 1.7～2.9 m，平均厚度为 2.3 m 的 $11^{-2\#}$ 煤层工作面走向长 1 728 m，倾向长 264 m，回采高度为 2.6 m，工作面平均埋深在 800 m 以上，1252(1)工作面轨道平巷沿空留巷。1252(1)工作面基本顶为中细砂岩，厚度为 0～11.0 m，直接顶为复合顶板，由泥岩、砂质泥岩和 $11^{-3\#}$ 煤层组成，厚度为 0～8.4 m。该工作面顶板赋存不稳定，沿工作面推进方向，直接顶的总体变化趋势为先变薄再变厚，然后再变薄并在距切眼 700 m 处趋于尖灭。因此可将工作面留巷顶板分为两类：薄层直接顶顶板和基本顶直覆顶板。潘一东矿 1252(1)工作面岩层综合柱状图如图 6-1 所示。

1252(1)工作面煤岩层产状为：160°～195°∠3°～9°。1252(1)工作面水文地质条件简单，主要充水水源为煤层顶板砂岩裂隙水。

6.1.2　支护技术

6.1.2.1　掘进支护

1252(1)工作面轨道平巷顶板赋存形式有薄层直接顶顶板和基本顶直覆顶板 2 类，因此巷道掘进期间的支护方案也对应分为 2 种。兼顾多种因素，2 种支护方案中无论针对顶板还是帮部均采用了相同的锚杆支护参数，区别在于顶板的锚索布置参数。

(1) 巷内锚杆支护参数

综合柱状	岩性	厚度/m（最小～最大 / 平均）	岩性描述
	粉细砂岩	1.2～11.4 / 3.3	灰色，致密、坚硬
	粉细砂岩	2.1～12.4 / 3.7	浅灰色，细粒结构
	砂质泥岩	1.1～13.4 / 1.7	灰色，砂泥质结构
	粉细砂岩	2.0～3.6 / 2.5	
	砂质泥岩	1.3	灰色，砂泥质结构，岩石性脆
	细砂岩	0～6.1 / 2.3	浅灰色至灰白色，钙质胶结
	砂质泥岩	1.1～13.4 / 6.2	灰色，砂泥质结构，岩石性脆
	粉细砂岩	0～8.0 / 4.0	浅灰色，细粒结构为主，岩石较坚硬
	碳质泥岩	0～0.5 / 0.3	灰黑色，泥质结构
	砂质泥岩	0～5.1 / 3.3	灰色，砂泥质结构
	碳质泥岩	0～0.2 / 0.1	灰黑色，泥质结构
	中细砂岩	0～11.0 / 4.1	浅灰色至灰白色，细粒结构为主
	砂质泥岩	0～8.4 / 2.5	灰色，砂泥质结构
	$11^{-2\#}$煤	1.7～3.4 / 2.7	黑色，以块状暗煤为主
	砂质泥岩	1.2～10.4 / 5.9	灰色，砂泥质结构，岩石性脆
	碳质泥岩	0～0.5 / 0.3	灰黑色，碳泥质结构

（a）薄层直接顶顶板

综合柱状	岩性	厚度/m	岩性描述
	泥岩	7.0	灰色，致密、坚硬
	粉砂岩	2.1	浅灰色，岩石较坚硬
	泥岩	1.2	灰色，岩石性脆
	粉细砂岩	3.0	浅灰色，细粒结构，致密、坚硬
	泥岩	8.1	浅灰色，岩石性脆
	碳质泥岩	0.5	灰黑色，泥质结构
	泥岩	4.1	灰色，岩石性脆
	粉砂岩	3.6	浅灰色，岩石较坚硬
	泥岩	1.1	灰色，砂泥质结构，岩石性脆
	细砂岩	6.1	浅灰色至灰白色，钙质胶结
	泥岩	2.0	灰黑色，泥质结构
	细砂岩	8.0	浅灰色至灰白色，细粒结构为主
	粉砂岩	2.9	浅灰色，岩石较坚硬
	$11^{-2\#}$煤	2.7	黑色，以块状暗煤为主
	泥岩	13.2	灰色，层状，岩石性脆

（b）基本顶直覆顶板

图 6-1 潘一东矿 1252(1)工作面岩层综合柱状图

巷道顶板每排采用 6 根左旋无纵筋高强螺纹钢锚杆配合 M5 钢带、M 型托盘及 10# 菱形金属网支护，顶板锚杆规格为 ϕ22 mm×2 500 mm，间排距为 900 mm×800 mm，每孔采用 2 支 Z2380 型树脂药卷进行锚固，锚杆预紧力矩不小于 200 N·m，锚固力不小于 120 kN。

巷道两帮每排采用 5 根左旋无纵筋高强螺纹钢锚杆，配合 3.2 m 长 M5 钢带、M 型托盘及 10# 菱形金属网联合支护，帮部锚杆规格为 ϕ22 mm×2 500 mm，间排距为 750 mm×800 mm，每孔采用 1 支 Z2380 型树脂药卷进行锚固，锚杆预紧力矩不应小于 200 N·m，锚固力大于 120 kN。

(2) 巷内锚索支护参数

巷内两帮均未布置锚索，顶板采用锚索梁支护，梁采用 14# 槽钢，锚索预紧力为 80～100 kN，锚固力不低于 200 kN，顶板锚索布置因顶板类型而不同。

薄层直接顶顶板：顶板锚索布置为"3-3"形式，锚索规格为 ϕ22 mm×7 300 mm，每孔采用 3 支 Z2380 型树脂药卷进行锚固。

基本顶直覆顶板：顶板锚索布置为"3-0-3-0"形式，锚索规格为 ϕ22 mm×6 300 mm，每孔采用 3 支 Z2380 型树脂药卷锚固。

掘进期间锚网索支护参数如图 6-2 所示。

6.1.2.2 采前加固

掘进支护经历较长时间后，出现部分支护失效的情况。在工作面回采前，1252(1)轨道平巷表现出不同的破坏形式，包括顶板网兜、帮部凸起等，尤以帮部破坏严重，帮部破坏实照见图 6-3。为保证巷道在工作面采动影响期间的稳定性，需要回采前在掘进支护的基础上进行补强，即采前加固。采前加固分别在顶板和帮部补打中空注浆锚索，以锚固一体的方式固结破碎煤岩体。其中顶板中空注浆锚索施工完成后及时注浆，帮部中空注浆锚索只预紧不注浆，待工作面推过裂隙充分发育后再注浆。

(1) 顶板采前加固

薄层直接顶顶板掘进支护过程中，普通锚索布置为"3-3"形式，采前加固在巷道顶板两侧每排增加 2 根中空注浆锚索，顶板锚索最终形成"5-5"布置形式，如图 6-4(a)所示。基本顶直覆顶板掘进支护过程中，普通锚索布置为"3-0-3-0"形式，采前加固在 3 根锚索两侧及正中各布置 1 根中空注浆锚索，在未施工锚索所在排施工 6 根中空注浆锚索，顶板锚索最终形成"6-6"布置形式，见图 6-4(b)。

中空注浆锚索规格为 ϕ22 mm×7 300 mm，配 300 mm×300 mm×16 mm 大托盘、每孔采用 2 卷 Z2360 型树脂锚固剂进行锚固，锚索预紧力不低于 80～100 kN且锚固力不低于 200 kN。施工完成后及时进行注浆。

(2) 实体帮采前加固

实体帮注浆锚索加固根据帮部变形及加固空间制约，加固形式包括如下 4 种：距切眼 0～90 m 范围内采用“3-0-3-0”单体锚索加固形式；距切眼 90～160 m 范围内采用“2-0-2-0”走向锚索梁加固形式；距切眼 160～640 m 范围内采用“2-2”走向锚索梁加固形式；距切眼 640 m 以外范围采用“3-3”走向锚索梁加固形式。帮部锚索“2-2”布置形式及“3-3”布置形式见图 6-5，“2-0-2-0”布置形式及“3-0-3-0”布置形式可参照图 6-5。

中空注浆锚索规格为 ϕ22 mm×6 300 mm，单体锚索配用 300 mm×300 mm×16 mm 大托盘、14# 槽钢托盘及 150 mm×100 mm×16 mm 小托盘，每孔采用 2 支 Z2360 型树脂药卷进行锚固；锚索梁加固形式中，梁采用 3.2 m 长 M5 钢带，锚索规格同上，锚索施工时允许以 5°～10°的角度上仰。中空注浆锚索施工完成后不立刻注浆，滞后采动注浆。

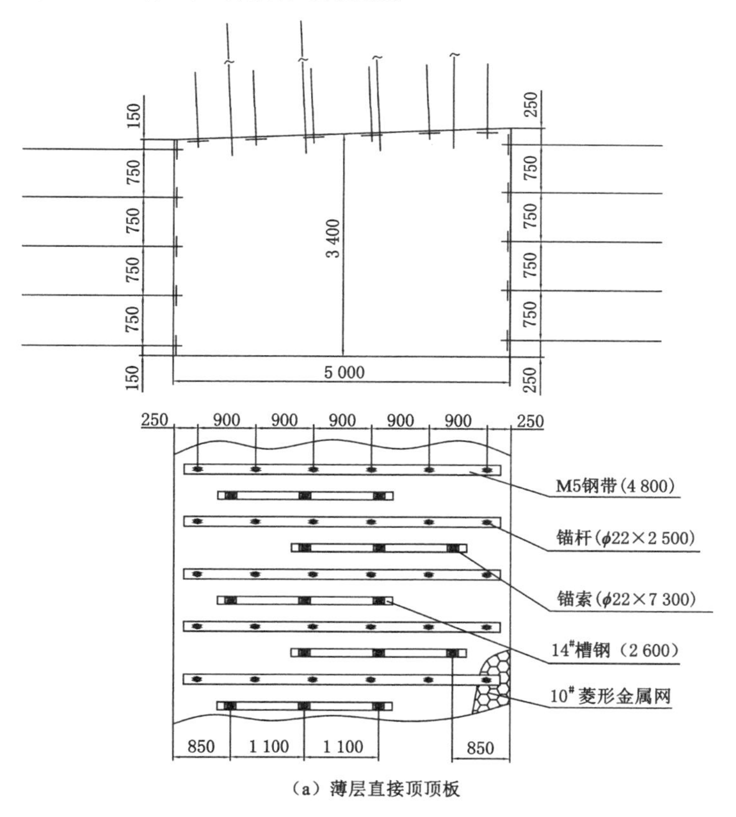

(a) 薄层直接顶顶板

图 6-2 掘进期间锚网索支护参数

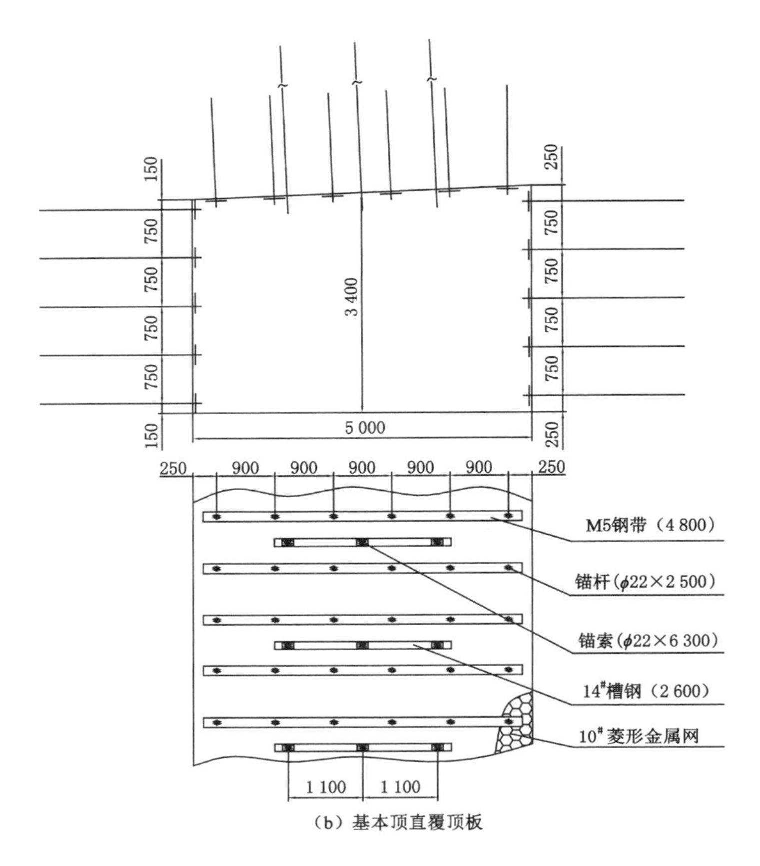

（b）基本顶直覆顶板

图 6-2(续)

图 6-3　帮部破坏实照

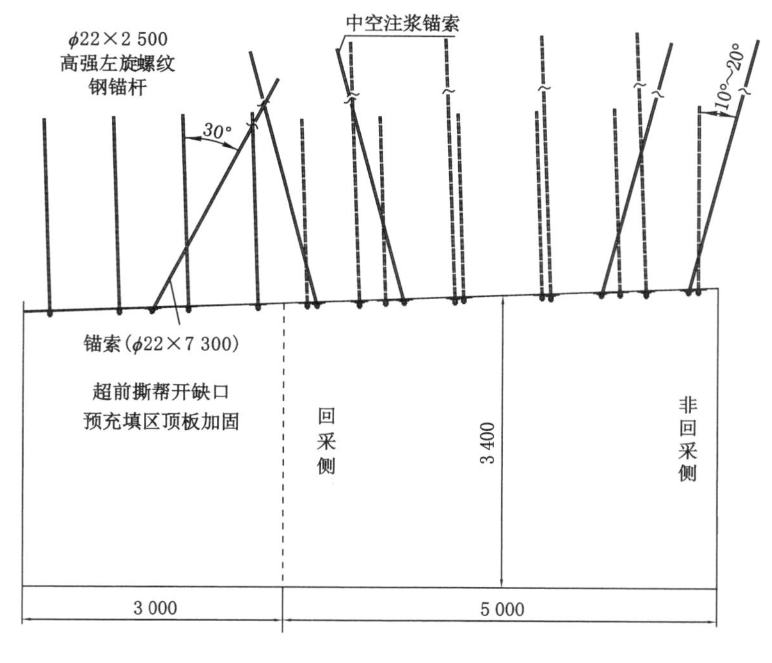

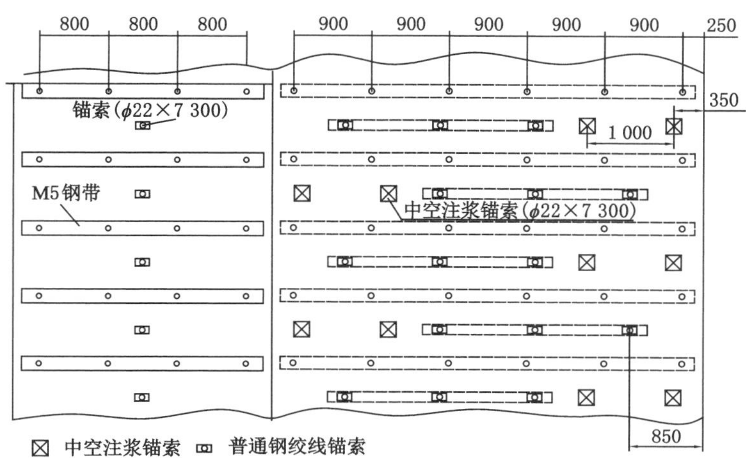

(a) 锚索“5-5”布置

注:虚线为原支护,实线为加固支护。

图 6-4　采前顶板加固方案及参数

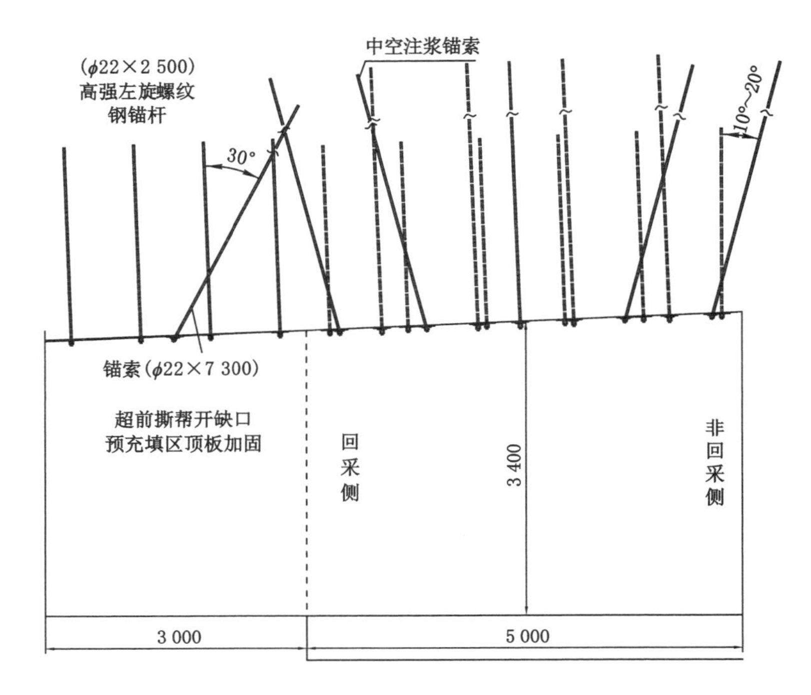

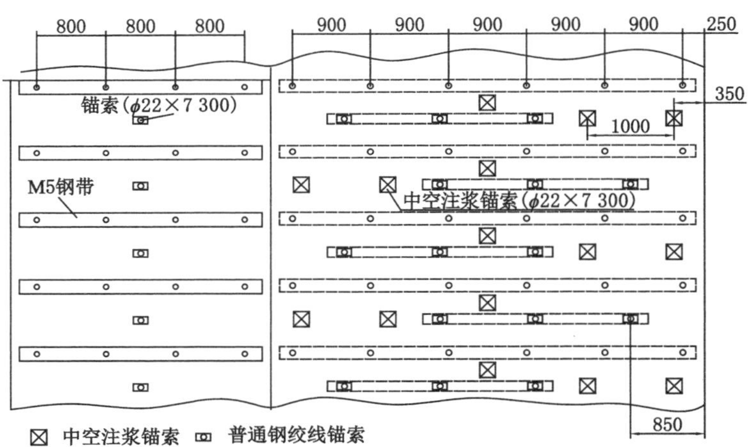

(b) 锚索“6-6”布置

图 6-4(续)

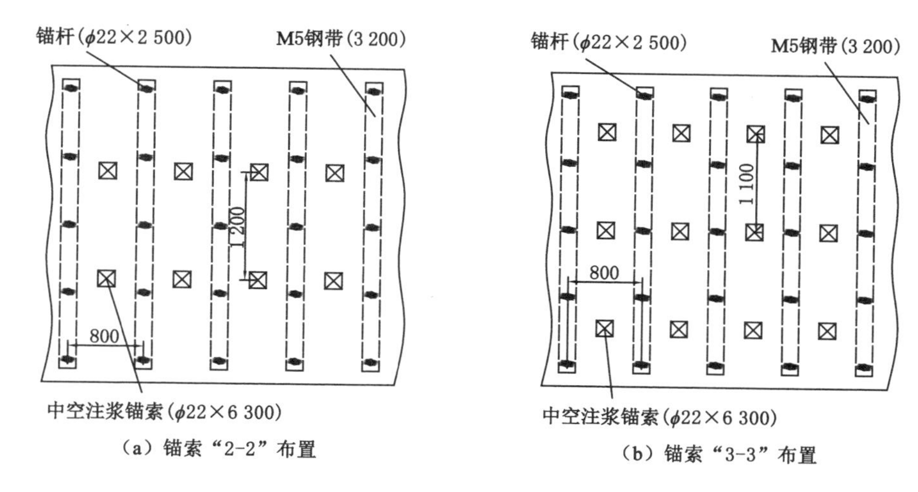

注：虚线为原支护，实线为加固支护。

图 6-5　采前实体帮加固方案及参数

6.1.2.3　*滞后采动段加固*

随着工作面推进，1252(1)轨道平巷开始形成留巷，即出现滞后采动段。滞后采动段及超前采动段均受高支承压力影响，巷道承压较大，变形剧烈，因此需要进行辅助加强支护，范围为超前工作面 60 m 和滞后工作面 250 m。超前工作面辅助加强支护方式采用 DZ35 型单体液压支柱与 4.0 m 长 11# 矿用工字钢，为一梁四柱，柱距为 1 m，沿巷道走向布置。巷道走向内共布置 5 道单体液压支柱，非回采侧和巷道中央各布置 2 道，回采侧布置 1 道。滞后工作面仍为 5 道相同布置方式的单体液压支柱，即拆除回采侧煤壁的单体液压支柱，将其移至距充填墙体 300 mm 处重新支设。

中空注浆锚索需要选择合适的注浆时机，在巷道掘进初期，巷道围岩较为完整，锚索施工后立即注浆一般无法注入或注浆量小，注浆效果差。在超前及滞后工作面强烈采动影响阶段，巷道浅部煤体普遍进入破碎区与塑性区，裂隙较为发育，承载能力大大降低。注浆可使浆液渗透填充到微小裂隙，固结破裂煤体，形成再生承载结构。注浆固结采动破碎煤体可以在这一阶段进行。初定滞后工作面 150 m 时开始对帮部中空锚索进行注浆。注浆顺序由下向上隔排注浆。注浆终孔压力为 6～8 MPa，然后保持稳压 3～5 min。注浆材料选用 P·O42.5 硅酸盐水泥，浆液水灰比为 1∶2，注浆添加剂 ACZ-I 为水泥量的 8%。

为保证注浆效果需要预先对巷道帮部进行喷浆，强度为 C20。喷浆材料选用 P·O42.5 硅酸盐水泥，喷层厚度为 70～100 mm。具体材料配比为水泥∶黄沙∶

石子＝1∶2∶2,及相当于水泥质量2.5%～4%的速凝剂,喷浆水灰比为0.8～1。

6.1.3 支护效果

在薄层直接顶顶板和基本顶直覆顶板2类典型顶板条件下,超前工作面段和滞后工作面段安装表面位移测站,监测2类顶板条件下的巷道表面收敛情况,重点监测实体煤帮的变形特点及注浆对帮部变形的控制情况。1252(1)留巷帮部收敛曲线见图6-6。

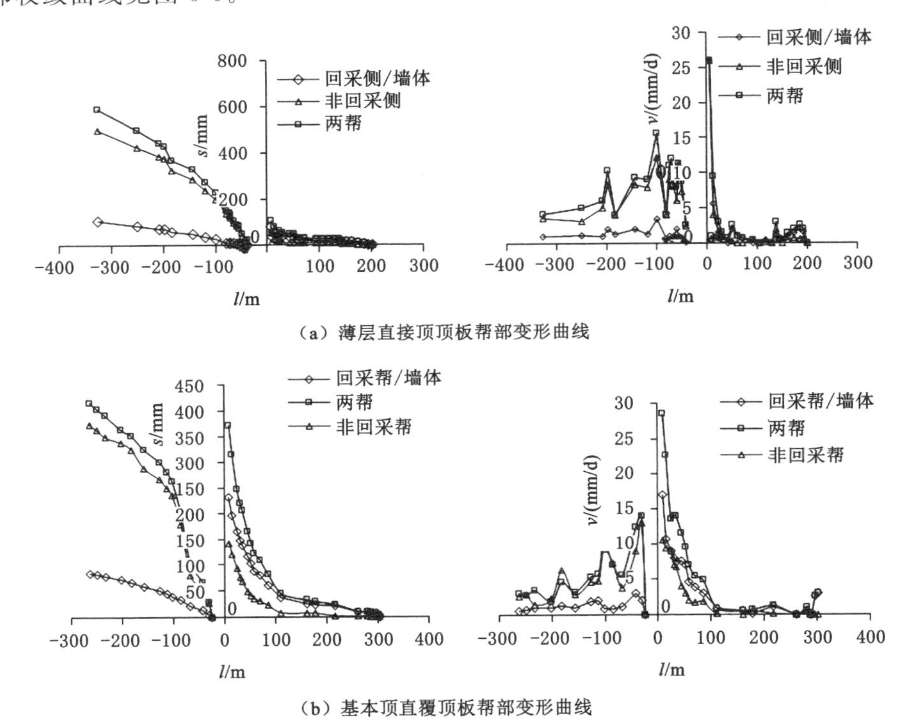

图6-6 1252(1)留巷帮部收敛曲线

由图6-6可知,2类顶板条件下帮部变形曲线较为类似,其中薄层直接顶顶板条件下帮部变形量较大,约为592 mm,基本顶直覆顶板条件下帮部变形量仅为416 mm,其中实体煤帮变形量均占比约90%。帮部变形速度均在滞后工作面150 m处有陡降现象,表明帮部中空锚索注浆加固效应开始显现,随后变形速度逐渐下降,趋近于3 mm/d,帮部煤体进入稳定状态。稳定后的1252(1)工作面沿空留巷实照见图6-7。

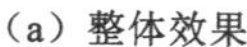

(a) 整体效果

(b) 煤帮

图 6-7 1252(1)工作面沿空留巷实照

6.2 注浆固结破碎煤帮支护技术沿空留巷工程案例

6.2.1 谢桥矿 12418 工作面地质条件

12418 工作面为谢桥煤矿首个沿空留巷工作面，为西翼 B 组采区东翼四阶段，轨道平巷煤层底板标高为－579.0～－598.8 m，运输平巷煤层底板标高为－626.7～－652.0 m。西起西翼 B 组轨道上山，东至 F10 断层。该工作面北边的 11228 工作面已回采完毕。本工作面对应地面位置已是塌陷区，济河从工作面中部穿过，矿区铁路从工作面东部穿过，地面标高为＋18.3～＋27.1 m。工作面标高为－579.0～－652.0 m。工作面长度为 212.8 m，推进长度为 826.9 m，面积约为 16.4 万 m^2。

该工作面煤层稳定，沿平巷方向煤层稍有起伏，煤层产状为 189°～199°∠8.4°～10.8°。根据上平巷、运输平巷、增架切眼及下降风巷实见煤厚点，局部煤厚变化较大，煤厚为 0.2～3.8 m，平均煤厚为 3.08 m。轨道平巷距增架切眼 360～390 m 处煤厚为 0.2～2.8 m；运输平巷距切眼 175～240 m 处煤厚为 0.2～3.3 m，410～510 m 处煤厚为 1.2～3.0 m；下降风巷距切眼 30～100 m 处煤厚为 1.1～2.4 m；增架切眼距轨道平巷 33～113 m 处煤厚为 0.5～1.1 m。煤呈黑色、碎块状，属半亮半暗型煤。煤层结构简单。

煤层基本顶为粉砂岩、中砂岩及砂岩，局部层位夹碳质泥岩，平均厚度为 5.85 m；直接顶为泥岩，深灰色，块状，裂隙发育，泥质胶结，平均厚度为 4.65 m；直接底为泥岩，深灰色，块状，见少量植物化石碎屑，平均厚度为 4.45 m；基本底为粉砂岩及中砂岩，粒度变化较大。12418 工作面煤层赋存柱状如图 6-8 所示。

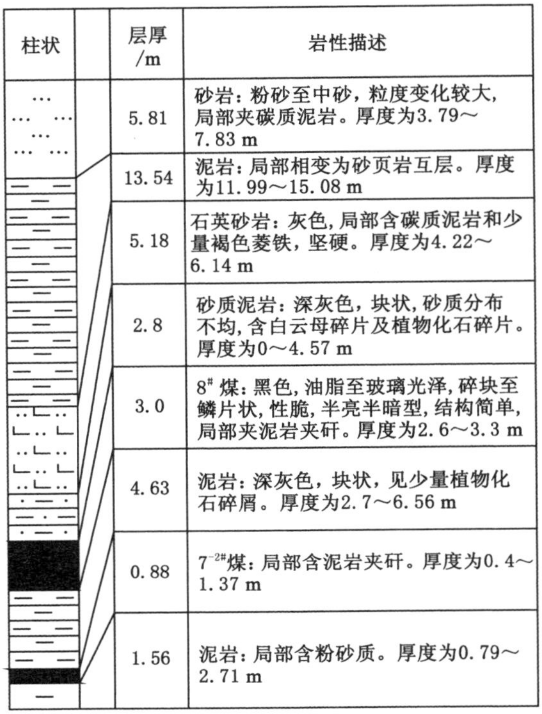

柱状		层厚/m	岩性描述
		5.81	砂岩：粉砂至中砂，粒度变化较大，局部夹碳质泥岩。厚度为3.79～7.83 m
		13.54	泥岩：局部相变为砂页岩互层。厚度为11.99～15.08 m
		5.18	石英砂岩：灰色，局部含碳质泥岩和少量褐色菱铁，坚硬。厚度为4.22～6.14 m
		2.8	砂质泥岩：深灰色，块状，砂质分布不均，含白云母碎片及植物化石碎片。厚度为0～4.57 m
		3.0	8# 煤：黑色，油脂至玻璃光泽，碎块至鳞片状，性脆，半亮半暗型，结构简单，局部夹泥岩夹矸。厚度为2.6～3.3 m
		4.63	泥岩：深灰色，块状，见少量植物化石碎屑。厚度为2.7～6.56 m
		0.88	7-2# 煤：局部含泥岩夹矸。厚度为0.4～1.37 m
		1.56	泥岩：局部含粉砂质。厚度为0.79～2.71 m

图 6-8 12418 工作面煤层赋存柱状图

6.2.2 支护技术

6.2.2.1 巷道掘进期间支护设计参数(图 6-9)

(1) 巷道顶板采用 7 根高强锚杆进行支护。锚杆配合 5.0 mT1 型钢带及 8# 菱形金属网进行联合支护，锚杆规格为 ϕ20-M22，长度为 2 500 mm，每根锚杆采用 2 节 Z2360 型树脂锚固剂进行加长锚固；锚杆间排距为 800 mm×1 000 mm。

(2) 巷道高帮采用 5 根高强锚杆进行支护。锚杆配合 3.4 m 长 M3 型钢带及 8# 菱形金属网进行联合支护，锚杆规格为 ϕ20-M22，长度为 2 500 mm。每根锚杆采用 1 节 Z2360 型树脂锚固剂进行加长锚固；锚杆间排距为 780 mm×1 000 mm。

(3) 巷道低帮采用 4 根高强锚杆进行支护。锚杆配合 2.5 m 长轻型钢带及 12# 菱形金属网进行联合支护，锚杆规格为 ϕ18-M20，长度为 2 000 mm。每根

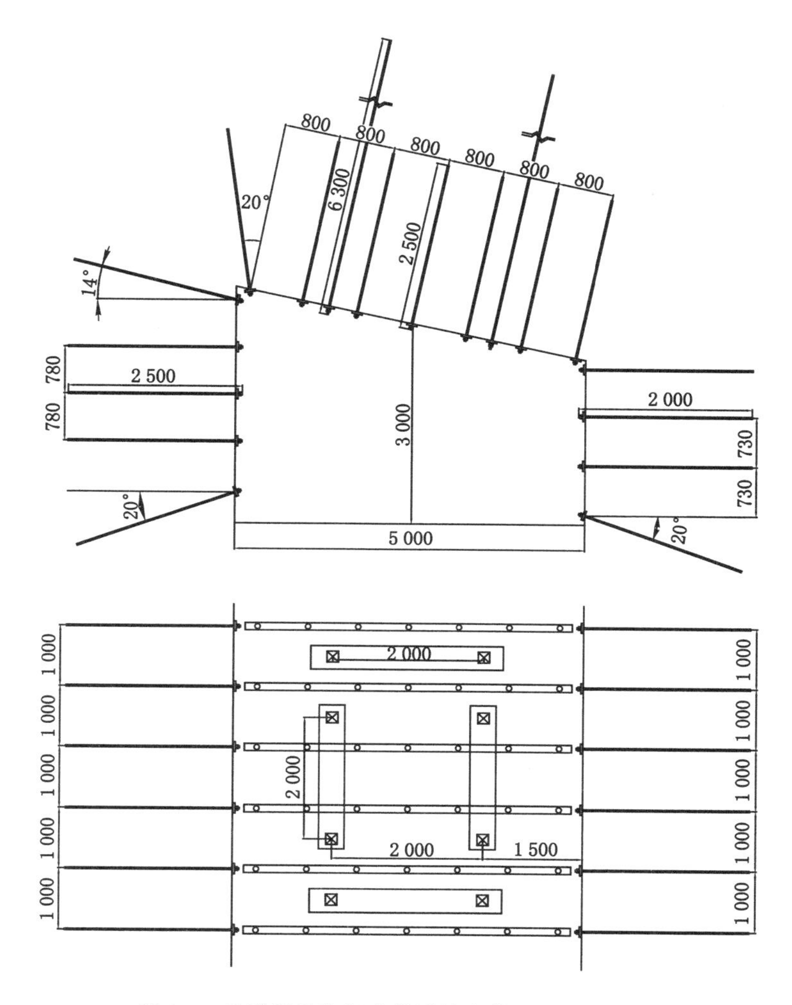

图 6-9　巷道掘进期间支护设计参数图(掘进后期)

锚杆采用 1 节 Z2360 型树脂锚固剂进行加长锚固;锚杆间排距为 730 mm×1 000 mm。

(4) 为保证顶板安全、强化主动锚杆支护效果,在顶板布置高预应力锚索梁。锚索梁走向、倾向呈现“日”字形交错布置。在顶板中部间隔 2 m 布置锚索钻孔,孔深为 6.0 m。钢绞线规格为直径 17.8 mm、长度 6 300 mm。采用 2.4 m 长 16# 槽钢作为锚索梁,梁上两孔间距为 2.0 m。每根锚索采用 3 节 Z2360 型树脂锚固剂进行加长锚固。锚索预紧力为 80～100 kN,同时锚固力不得低于 200 kN。

6.2.2.2 巷道回采期间支护设计参数

由于巷道所处位置地质构造复杂，断层比较发育，受近距离水平或小角度斜交断层影响段约 900 m，局部地段巷道矿压显现强烈，因此需针对不同围岩赋存类别选择合理的支护方案，才能留巷成功。

（1）正常锚带网支护巷段加固方案及参数

① 初喷密封

为了提高后续施工的注浆效果，需要对巷道围岩表面喷薄层混凝土进行围岩封闭，混凝土喷层厚度为 50 mm。喷浆材料配比为水泥∶黄沙∶瓜子片＝1∶2∶2，水灰比为 45%～50%。为实现喷浆效果，可以掺入水泥质量 2.5%～4%的速凝剂并搅拌均匀。

② 高帮超前注浆

注浆材料可选择(快硬)硫铝酸盐水泥或高分子化学注浆材料浆液。标号为 525 的(快硬)硫铝酸盐水泥水灰比为 0.85～1.0，胶砂流动度达到 121～130 mm。

待混凝土喷层稳定后可以进行注浆。在高帮每排布置 3 根长度为 2 600 mm 的注浆锚杆，注浆锚杆由 4 分钢管制作成，底端砸扁，底部 1 600 mm 长度内交错打孔。注浆锚杆封孔深度需要 1.0 m。注浆压力初定为 1.0～1.5 MPa，注浆锚杆排距为 1.0～2.0 m。注浆锚杆布置示意如图 6-10 所示。

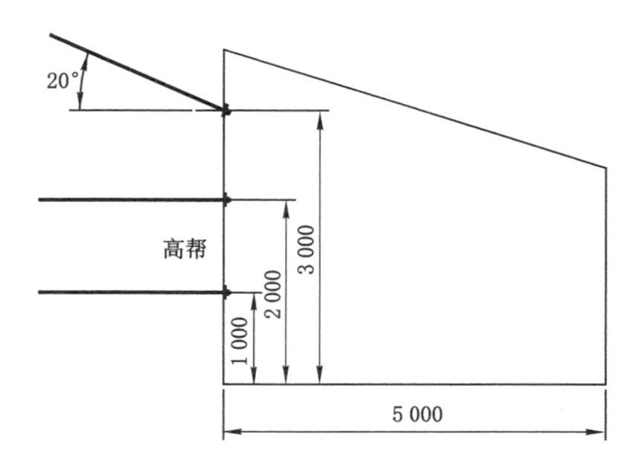

图 6-10 注浆锚杆布置示意图

③ 高帮锚索梁加固

高帮上部锚索梁：巷道在未受到超前支承压力影响时，要求超前工作面 200 m在巷道高帮靠上处沿走向补打一排锚索梁进行加固，控制回采时高帮的急剧变形。锚索距离巷道底板 2.5 m，钢绞线下铺设 2.2 m 长 T2 型钢带，钢带上两眼间距为 0.9 m，钢绞线长度为 4 300 mm，直径为 17.8 mm。钻孔向上倾斜 40°，孔内利用 3 节 Z2360 树脂锚固剂进行加长锚固。锚索预紧力需要到达 80～100 kN，同时锚固力不低于 200 kN。高帮锚索梁加固参数示意如图 6-11 所示。切眼后方 20 m 也需采用高帮上部锚索梁对高帮进行强化支护，确保高帮的稳定性。

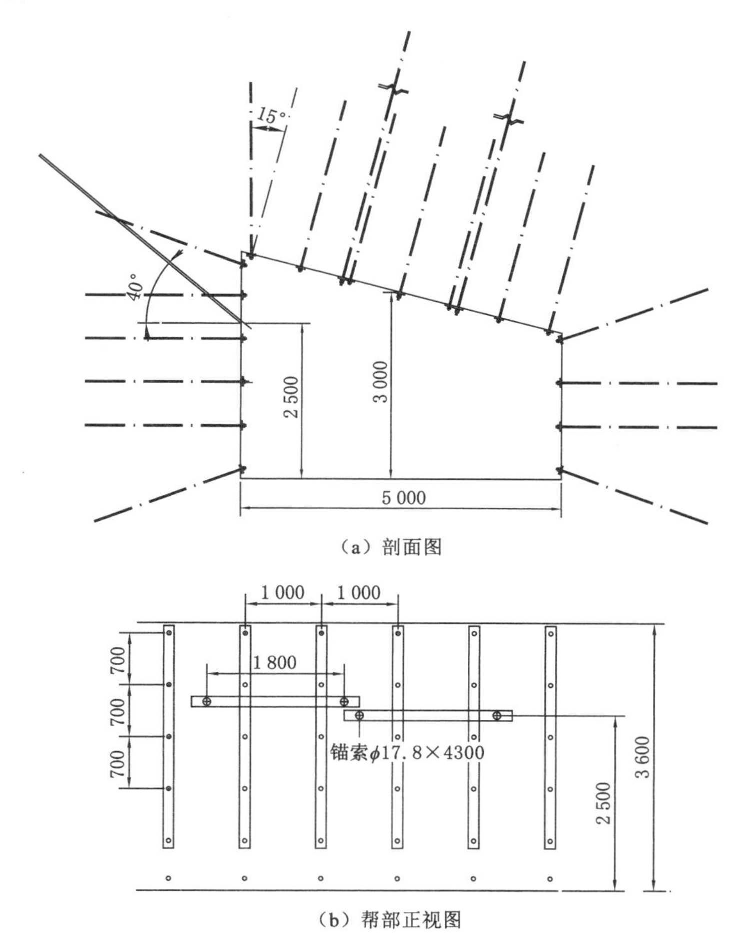

图 6-11　高帮锚索梁加固参数示意图

(2) 超前采动影响段加强方案和参数设计

超前支护采取单体液压支柱的加强支护形式，每排布置 2～4 根单体液压支柱，随着靠近工作面而渐次增加。为了避免大规模移动单体液压支柱导致顶板失稳，需要采取一梁三柱的方式迈步前移。单体液压支柱初撑力不应小于 50 kN。

工作面回采前 20 m 到工作面推过后 10 m 范围内采用两套自移式巷道超前支架管理巷道顶板，通过强支撑来控制顶板下沉，这里特别强调应保护好顶板锚杆(索)的外露端不受破坏，充填支架进入巷道锚固范围内移动时，必须在顶梁及护板上加垫层，保护锚杆(索)及护表构件不受破坏。可统一修剪锚杆(索)的外露长度，方便支架推移。同时应当注意到自移式巷道超前支架反复对其上方顶板进行支撑，对顶板锚固区反复扰动，影响锚固效果，应减少移架频度。

受滞后采动影响，工作面后方沿空留巷的矿压仍然强烈，巷道收敛速度快，需要采取滞后加固方案，滞后加固的范围为 0～160 m。采用 3 排单体液压支柱进行辅助加强支护，随工作面推进向前移动。单体液压支柱沿工作面走向间隔 1 m。单体液压支柱初撑力不得小于 50 kN，并配套有效防止钻顶和插底的措施。

6.2.3 支护效果

6.2.3.1 巷道两帮移近分析

图 6-12 和图 6-13 分别为巷道两帮和充填墙体的移近量、移近速度曲线，由图可以看出：

(1) 在工作面前方 22～50 m 范围内，巷道两帮移近速度 v 很小，不超过 20 mm/d。在工作面后方 0～40 m 范围内为采动影响剧烈期，这期间高帮移近速度基本保持在 20 mm/d，墙体移近速度为 10 mm/d。工作面后方 40～90 m 范围内两帮变形受工作面回采的影响逐渐减弱，两帮变形速度开始减缓。在工作面后方 100 m 范围之外，顶板旋转下沉达到稳定，对巷道应力扰动较小，这时的巷道变形速度会逐渐下降并进入变形稳定期，煤帮侧与墙移近速度仅为 2 mm/d。

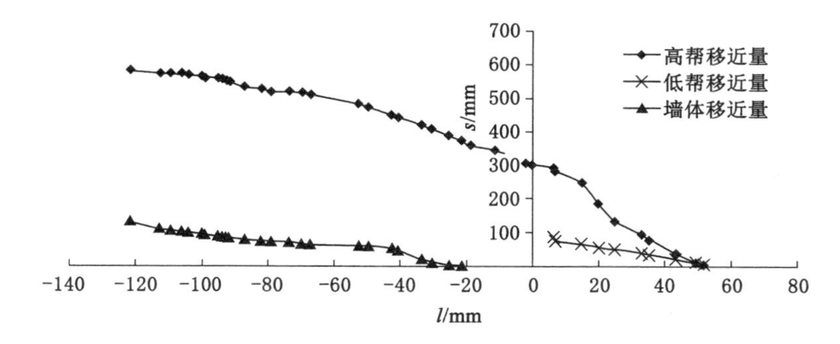

图 6-12 巷道两帮和充填墙移近量曲线

(2) 工作面回采前的加固措施达到了控制巷道帮部变形的效果，工作面前方采动影响期间巷道两帮移近量仅有 400 mm，超前加固为工作面后方留巷的

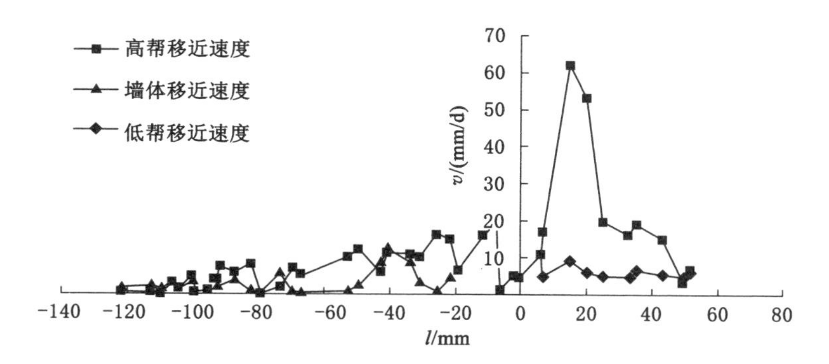

图 6-13　巷道两帮和充填墙移近速度曲线

稳定性提供了基本条件。

(3) 两帮变形速度与周期来压有关。当工作面基本顶破断时,巷道两帮移近速度也随之呈现出跳跃性、周期性的增加趋势,并且周期来压对巷道变形的影响随着与工作面距离的增加而逐步减小。

6.2.3.2　巷道顶底板移近分析

图 6-14 和图 6-15 分别为巷道顶底板移近量和移近速度曲线,由图可以看出:

(1) 在工作面前方 20～50 m 范围内顶板下沉保持了较小的速度,不超过 5 mm/d。工作面前方 0～20 m 范围内为采动影剧烈响期,此时巷道顶板下沉速度最大,达到 24 mm/d。

(2) 由于工作面顶板岩石强度高以及工作面回采速度较慢,巷道顶板呈现缓慢旋转下沉的特征。此外巷道内安设的单体液压支柱也起到了维持巷道稳定的作用。在工作面后方 20 m 范围内,巷道变形速度不超过 8 mm/d。

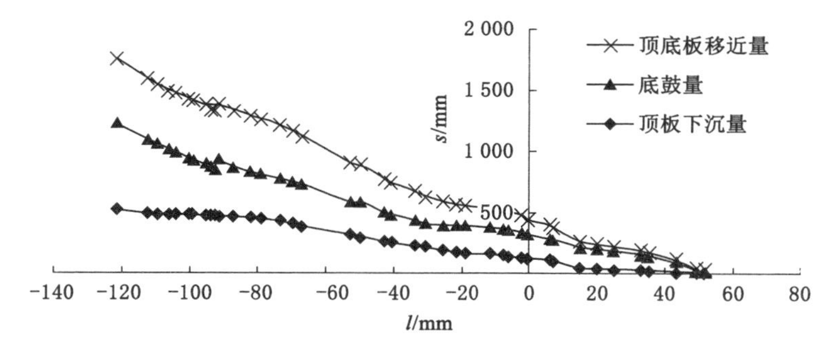

图 6-14　巷道顶底板移近量曲线

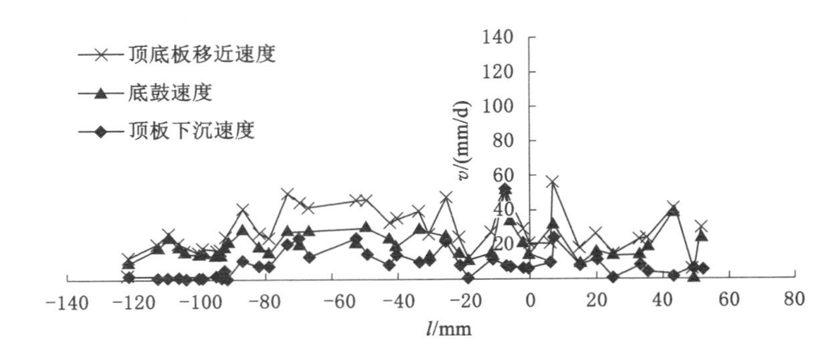

图 6-15　巷道顶底板移近速度曲线

(3) 随着工作面推进,上覆岩体不断地弯曲、下沉和破坏,留巷采空区侧的基本顶在自重及支护体产生的切顶阻力作用下破断。随着基本顶发生周期性破断,巷道周围压力呈现周期性增加趋势,造成巷道顶板下沉及底鼓也呈现周期性变化趋势。工作面后方 20～90 m 范围内,顶板平均下沉速度为 14 mm/d,最大下沉速度为21 mm/d;平均底鼓速度为 18 mm/d,最大底鼓速度为 55 mm/d。

(4) 在顶板回转下沉趋于稳定之后,巷道受采动影响逐渐减小。在工作面后方 90 m 范围以外,巷道的顶底板移近速度逐步下降,巷道进入变形稳定期。

(5) 在整个采动前方及后方影响区间内,顶底板移近总量为 1 748 mm。其中顶板下沉量为 522 mm,底鼓量为 1 226 mm,底鼓量占顶底板移近量的 70%左右。沿空留巷时掌握好卧底及工作面后方加固时机对沿空留巷成功十分关键。巷道经历了掘进阶段、回采阶段、充填留巷稳定阶段,在回采阶段,沿空留巷内实施注浆加固,留巷后巷道围岩基本保持了完整,巷宽约为 3.6 m,巷高约为 2.5 m,见图 6-16。

(a) 距工作面后方120 m处

(b) 距工作面后方160 m处

图 6-16　沿空留巷效果图

6.3　本章小结

对潘一东矿 1252(1)工作面、谢桥矿 12418 工作面两个典型深井沿空留巷工程进行工业性试验。1252(1)工作面采用锚注一体支护技术,滞后注浆控制煤帮采动破坏。12418 工作面采用帮部锚索梁和注浆固结破碎煤帮支护技术,超前工作面注浆材料为(快硬)硫铝酸盐水泥。两个工业性试验案例都取得了成功。

参考文献

[1] 刘炯天. 关于我国煤炭能源低碳发展的思考[J]. 中国矿业大学学报(社会科学版),2011,13(1):5-12.

[2] 煤炭科学院北京煤化学研究所. 工业的粮食:煤[M]. 北京:煤炭工业出版社,1985.

[3] 苏健,梁英波,丁麟,等. 碳中和目标下我国能源发展战略探讨[J]. 中国科学院院刊,2021,36(9):1001-1009.

[4] 国家统计局能源统计司. 中国能源统计年鉴 2021[M]. 北京:中国统计出版社,2021.

[5] 武强,涂坤. 我国发展面临能源与环境的双重约束分析及对策思考[J]. 科学通报,2019,64(15):1535-1544.

[6] 任传鹏,丁日佳,李上. 中国煤炭回采率低下的原因及对策[J]. 辽宁工程技术大学学报(自然科学版),2010,29(增刊 1):136-137.

[7] 胡省三,成玉琪. 21 世纪前期我国煤炭科技重点发展领域探讨[J]. 煤炭学报,2005,30(1):1-7.

[8] 姜耀东,赵毅鑫,刘文岗,等. 深部开采中巷道底鼓问题的研究[J]. 岩石力学与工程学报,2004,23(14):2396-2401.

[9] 康红普. 我国煤矿巷道围岩控制技术发展 70 年及展望[J]. 岩石力学与工程学报,2020:240-240.

[10] 黄炳香,张农,靖洪文,等. 深井采动巷道围岩流变和结构失稳大变形理论[J]. 煤炭学报,2020,45(3):911-926.

[11] 刘听成. 无煤柱护巷的应用与进展[J]. 矿山压力与顶板管理,1994,11(4):2-10.

[12] 王红胜. 沿空巷道窄帮蠕变特性及其稳定性控制技术研究[D]. 徐州:中国矿业大学,2011.

[13] 吴淑鸿. 降低巷道掘进率方法[J]. 辽宁工程技术大学学报(自然科学版),2008,27(增刊 1):18-19.

[14] 涂敏,袁亮,缪协兴,等. 保护层卸压开采煤层变形与增透效应研究[J]. 煤

炭科学技术,2013,41(1):40-43.
[15] 张农,袁亮,王成,等.卸压开采顶板巷道破坏特征及稳定性分析[J].煤炭学报,2011,36(11):1784-1789.
[16] 侯朝炯,马念杰.煤层巷道两帮煤体应力和极限平衡区的探讨[J].煤炭学报,1989,14(4):21-29.
[17] 高玮.倾斜煤柱稳定性的弹塑性分析[J].力学与实践,2001,23(2):23-26.
[18] 李树清,潘长良,王卫军.锚注联合支护煤巷两帮塑性区分析[J].湖南科技大学学报(自然科学版),2007,22(2):5-8.
[19] 于远祥,洪兴,陈方方.回采巷道煤体荷载传递机理及其极限平衡区的研究[J].煤炭学报,2012,37(10):1630-1636.
[20] 郑桂荣,杨万斌.煤巷煤体破裂区厚度的一种计算方法[J].煤炭学报,2003,28(1):37-40.
[21] 张华磊,王连国,秦昊.回采巷道片帮机制及控制技术研究[J].岩土力学,2012,33(5):1462-1466.
[22] 王卫军,冯涛,侯朝炯,等.沿空掘巷实体煤帮应力分布与围岩损伤关系分析[J].岩石力学与工程学报,2002,21(11):1590-1593.
[23] 刘少伟,张辉,张伟光,等.沿顶掘进回采巷道上帮煤体失稳区域预测[J].煤炭学报,2010,35(9):1430-1434.
[24] 张国华.确定巷帮锚杆间距的理论计算[J].煤炭学报,2006,31(4):433-436.
[25] 朱德仁,王金华,康红普,等.巷道煤帮稳定性相似材料模拟试验研究[J].煤炭学报,1998,23(1):44-49.
[26] 勾攀峰,辛亚军,申艳梅,等.深井巷道两帮锚固体作用机理及稳定性分析[J].采矿与安全工程学报,2013,30(1):7-13.
[27] 侯朝炯,何亚男,李晓,等.加固巷道帮、角控制底臌的研究[J].煤炭学报,1995,20(3):229-234.
[28] 王卫军,冯涛.加固两帮控制深井巷道底鼓的机理研究[J].岩石力学与工程学报,2005,24(5):808-811.
[29] 李树清,王卫军,潘长良,等.加固底板对深部软岩巷道两帮稳定性影响的数值分析[J].煤炭学报,2007,32(2):123-126.
[30] 单仁亮,孔祥松,蔚振廷,等.煤巷强帮支护理论与应用[J].岩石力学与工程学报,2013,32(7):1304-1314.
[31] 何重伦.深井三软煤层巷道围岩控制技术与工程实践[J].湖南科技大学学报(自然科学版),2006,21(3):9-12.

[32] 马念杰,贾安立,马利,等.深井煤巷煤帮支护技术研究[J].建井技术,2006,27(1):15-18.

[33] 周岩,胡茹.中国近代煤炭开采技术发展及其影响因素[J].中国矿业大学学报(社会科学版),2011,13(1):89-93.

[34] 康红普,王金华,高富强.掘进工作面围岩应力分布特征及其与支护的关系[J].煤炭学报,2009,34(12):1585-1593.

[35] 李化敏.沿空留巷顶板岩层控制设计[J].岩石力学与工程学报,2000,19(5):651-654.

[36] 侯圣权,靖洪文,杨大林.动压沿空双巷围岩破坏演化规律的试验研究[J].岩土工程学报,2011,33(2):265-268.

[37] 张国华.主动支护下沿空留巷顶板破碎原因分析[J].煤炭学报,2005,30(4):429-432.

[38] 朱川曲,王卫军,施式亮.综放沿空掘巷围岩稳定性分类模型及应用[J].中国工程科学,2016,8(3):35-38.

[39] 华心祝,马俊枫,许庭教.锚杆支护巷道巷旁锚索加强支护沿空留巷围岩控制机理研究及应用[J].岩石力学与工程学报,2005,24(12):2107-2112.

[40] 张农,张志义,吴海,等.深井沿空留巷扩刷修复技术及应用[J].岩石力学与工程学报,2014,33(3):468-474.

[41] 李迎富.二次沿空留巷围岩稳定性控制机理研究[D].淮南:安徽理工大学,2012.

[42] 华心祝,刘淑,刘增辉,等.孤岛工作面沿空掘巷矿压特征研究及工程应用[J].岩石力学与工程学报,2011,30(8):1646-1651.

[43] 江贝,李术才,王琦,等.基于非连续变形分析方法的深部沿空掘巷围岩变形破坏及控制机制对比研究[J].岩土力学,2014,35(8):2353-2360.

[44] 曹树刚,邹德均,白燕杰,等.近距离“三软”薄煤层群回采巷道围岩控制[J].采矿与安全工程学报,2011,28(4):524-529.

[45] 屠世浩,白庆升,屠洪盛.浅埋煤层综采面护巷煤柱尺寸和布置方案优化[J].采矿与安全工程学报,2011,28(4):505-510.

[46] 李磊,柏建彪,徐营,等.复合顶板沿空掘巷围岩控制研究[J].采矿与安全工程学报,2011,28(3):376-383.

[47] 贾宝山,解茂昭,章庆丰,等.卸压支护技术在煤巷支护中的应用[J].岩石力学与工程学报,2005,24(1):116-120.

[48] 王卫军,侯朝炯.沿空巷道底鼓力学原理及控制技术的研究[J].岩石力学与工程学报,2004,23(1):69-74.

[49] 康红普,冯志强.煤矿巷道围岩注浆加固技术的现状与发展趋势[J].煤矿开采,2013,18(3):1-7.
[50] BAKER C. Comments on paper rock stabilization in rock mechanics[M]. New York: Springer-Verlag,1974.
[51] 杨米加,贺永年.破裂岩石的力学性质分析[J].中国矿业大学学报,2001,30(1):11-15.
[52] 张良辉,熊厚金,邹小平,等.平面裂隙参数计算及其对浆液流动的影响分析[J].岩土力学,1998,19(1):7-12.
[53] 郑玉辉.裂隙岩体注浆浆液与注浆控制方法的研究[D].长春:吉林大学,2005.
[54] 石达民,吴理云.关于注浆参数研究的一点新探索[J].矿山技术,1986(2):41-48.
[55] LOMBARDI G.水泥灌浆浆液是稠好还是稀好?[C].《现代灌浆技术译文集》编译组.现代灌浆技术译文集.北京:中国水利水电出版社,1991.
[56] WITTKE W,张金接.采用膏状稠水泥浆灌浆新技术[C].《现代灌浆技术译文集》编译组.现代灌浆技术译文集.北京:中国水利水电出版社,1991.
[57] 熊厚金,林天健,李宁.岩土工程化学[M].北京:科学出版社,2001.
[58] 杨晓东,张怀友,张金接.大孔隙地层水泥膏浆灌浆技术[J].水利水电技术,1991(4):42-46.
[59] HÄSSLER L,HÅKANSSON U,STILLE H. Computer-simulated flow of grouts in jointed rock[J]. Tunnelling and underground space technology,1992,7(4):441-446.
[60] 郑长成,曾祥熹,黄树勋.时变性浆液径向扩散流的模拟研究[J].矿业研究与开发,1999,19(1):16-19.
[61] 阮文军.基于浆液粘度时变性的岩体裂隙注浆扩散模型[J].岩石力学与工程学报,2005,24(15):2709-2714.
[62] 李术才,刘人太,张庆松,等.基于黏度时变性的水泥-玻璃浆液扩散机制研究[J].岩石力学与工程学报,2013,32(12):2415-2421.
[63] MINAIE E,MOTA M,MOON F L,et al. In-plane behavior of partially grouted reinforced concrete masonry shear walls[J]. Journal of structural engineering,2010,136(9):1089-1097.
[64] 郝哲,何修仁,刘斌.岩体注浆的随机模拟[J].冶金矿山设计与建设,1998,30(1):3-6.
[65] ERIKSSON M,STILLE H,ANDERSSON J. Numerical calculations for

prediction of grout spread with account for filtration and varying aperture [J]. Tunnelling and underground space technology, 2000, 15(4): 353-364.
[66] 杨米加，陈明雄，贺永年．裂隙岩体注浆模拟实验研究[J]．实验力学，2001，16(1)：105-112.
[67] 罗平平，朱岳明，赵咏梅，等．岩体灌浆的数值模拟[J]．岩土工程学报，2005，27(8)：918-921.
[68] KULATILAKE P H S W, WATHUGALA D N, STEPHANSSON O. Joint network modelling with a validation exercise in Stripa mine, Sweden [J]. International journal of rock mechanics and mining sciences & geomechanics abstracts, 1993, 30(5): 503-526.
[69] 杨米加．随机裂隙岩体注浆渗流机理及其加固后稳定性分析[J]．岩石力学与工程学报，2000，19(4)：416.
[70] 赵林．基于分形理论的裂隙岩体注浆扩散规律研究[D]．成都：西南交通大学，2008.
[71] 郝哲，王介强，何修仁．岩体裂隙注浆的计算机模拟研究[J]．岩土工程学报，1999，21(6)：727-730.
[72] ZHANG F M, WANG B H, CHEN Z Y, et al. Rock bridge slice element method in slope stability analysis based on multi-scale geological structure mapping[J]. Journal of Central South University of Technology, 2008, 15(2): 131-137.
[73] 孙斌堂，凌贤长，凌晨，等．渗透注浆浆液扩散与注浆压力分布数值模拟[J]．水利学报，2007，38(11)：1402-1407.
[74] 罗平平，王兰甫，范波，等．基于 MBM 随机隙宽单裂隙浆液渗透规律的模拟研究[J]．岩土工程学报，2012，34(2)：309-316.
[75] 夏露，刘晓非，于青春．基于块体化程度确定裂隙岩体表征单元体[J]．岩土力学，2010，31(12)：3991-3996.
[76] 于青春，大西有三．岩体三维不连续裂隙网络及其逆建模方法[J]．地球科学，2003，28(5)：522-526.
[77] 周维垣，杨若琼，剡公瑞．二滩拱坝坝基弱风化岩体灌浆加固效果研究[J]．岩石力学与工程学报，1993，12(2)：138-150.
[78] 张农，侯朝炯，陈庆敏，等．岩石破坏后的注浆固结体的力学性能[J]．岩土力学，1998，19(3)：50-53.
[79] 许宏发，耿汉生，李朝甫，等．破碎岩体注浆加固体强度估计[J]．岩土工程学报，2013，35(11)：2018-2022.

[80] 金爱兵,王志凯,明世祥.破裂岩石加固后力学性质试验研究[J].岩石力学与工程学报,2012,31(增刊1):3395-3398.

[81] 王汉鹏,高延法,李术才.岩石峰后注浆加固前后力学特性单轴试验研究[J].地下空间与工程学报,2007,3(1):27-31.

[82] 孙家学,吴理云.影响注浆结石体强度的因素分析[J].金属矿山,1992(4):22-25.

[83] 唐新军,陆述远.胶结堆石料的力学性能初探[J].武汉水利电力大学学报,1997,30(6):15-18.

[84] 胡巍,隋旺华,王档良,等.裂隙岩体化学注浆加固后力学性质及表征单元体的试验研究[J].中国科技论文,2013,8(5):408-412.

[85] 高延法,范庆忠,王汉鹏.岩石峰值后注浆加固实验与巷道稳定性控制[J].岩土力学,2004,25(增刊1):21-24.

[86] 牛学良,付志亮,高延法.岩石注浆加固实验与巷道稳定性控制[J].采矿与安全工程学报,2007,24(4):439-443.

[87] 宗义江,韩立军,韩贵雷.破裂岩体承压注浆加固力学特性试验研究[J].采矿与安全工程学报,2013,30(4):483-488.

[88] 缪协兴,钱鸣高.采场围岩整体结构与砌体梁力学模型[J].矿山压力与顶板管理,1995,12(增刊1):3-12.

[89] 张农,王晓卿,阚甲广,等.巷道围岩挤压位移模型及位移量化分析方法[J].中国矿业大学学报,2013,42(6):899-904.

[90] 李学华,王卫军,侯朝炯.加固顶板控制巷道底鼓的数值分析[J].中国矿业大学学报,2003,32(4):98-101.

[91] 王卫军,侯朝炯,柏建彪,等.综放沿空巷道底板受力变形分析及底鼓力学原理[J].岩土力学,2001,22(3):319-322.

[92] 柏建彪,李文峰,王襄禹,等.采动巷道底鼓机理与控制技术[J].采矿与安全工程学报,2011,28(1):1-5.

[93] 郑西贵,张农,袁亮,等.无煤柱分阶段沿空留巷煤与瓦斯共采方法与应用[J].中国矿业大学学报,2012,41(3):390-396.

[94] 靖洪文,付国彬,郭志宏.深井巷道围岩松动圈影响因素实测分析及控制技术研究[J].岩石力学与工程学报,1999,18(1):70-74.

[95] 刘传孝,王同旭,杨永杰.高应力区巷道围岩破碎范围的数值模拟及现场测定的方法研究[J].岩石力学与工程学报,2004,23(14):2413-2416.

[96] 刘俊杰.采场前方应力分布参数的分析与模拟计算[J].煤炭学报,2008,33(7):743-747.

[97] 苏海健,靖洪文,张春宇,等.软化与膨胀作用下深部巷道围岩黏弹塑性分析[J].采矿与安全工程学报,2012,29(2):185-190.

[98] 王汉鹏,李术才,李为腾,等.深部厚煤层回采巷道围岩破坏机制及支护优化[J].采矿与安全工程学报,2012,29(5):631-636.

[99] 侯朝炯,郭励生,勾攀峰,等.煤巷锚杆支护[M].徐州:中国矿业大学出版社,1999.

[100] 张农.巷道滞后注浆围岩控制理论与实践[M].徐州:中国矿业大学出版社,2004.

[101] 林健,孙志勇.锚杆支护金属网力学性能与支护效果实验室研究[J].煤炭学报,2013,38(9):1542-1548.

[102] 袁溢.大变形巷道锚杆护表构件支护效应研究[D].成都:西南交通大学,2006.

[103] MARTIN C D. The strength of massive Lac du Bonnet granite around underground openings[D]. Manitoba: University of Manitoba, 1993.

[104] GRIFFITH A A. The phenomena of rupture and flow in solids[J]. Philosophical transactions of the royal society of London. Series A, containing papers of a mathematical or physical character,1921,221:163-198.

[105] GRIFFITH A A. The theory of rupture[C]. BIEZENO C B,BURGERS J M. Proceedings of the 1st international congress for applied mechanics. Delft: Waltman,1924.

[106] BRACE W F. Brittle fracture of rocks [J]. Journal of geophysical research,1964,69(16):3449-3456.

[107] HOEK E. Rock fracture under static stress conditions[M]. [S. l.]:National Mechanical Engineering Research Institute, Council for Scientific and Industrial Research,1965.

[108] BIENIAWSKI Z T. Mechanism of brittle fracture of rock:part Ⅰ—theory of the fracture process[J]. International journal of rock mechanics and mining sciences & geomechanics abstracts,1967,4(4):395-406.

[109] 郑西贵.煤矿巷道锚杆锚索托锚力演化机理及围岩控制技术[D].徐州:中国矿业大学,2013.

[110] FARMER I W. Stress distribution along a resin grouted rock anchor[J]. International journal of rock mechanics and mining sciences & geomechanics abstracts,1975,12(11):347-351.

[111] BENMOKRANE B,CHENNOUF A,MITRI H S. Laboratory evaluation

of cement-based grouts and grouted rock anchors[J]. International journal of rock mechanics and mining sciences & geomechanics abstracts, 1995,32(7):633-642.

[112] 何思明,田金昌,周建庭.胶结式预应力锚索锚固段荷载传递特性研究[J].岩石力学与工程学报,2006,25(1):117-121.

[113] 尤春安,战玉宝,刘秋媛,等.预应力锚索锚固段的剪滞-脱黏模型[J].岩石力学与工程学报,2013,32(4):800-806.

[114] 何思明,李新坡.预应力锚杆作用机制研究[J].岩石力学与工程学报,2006,25(9):1876-1880.

[115] BAWDEN W F,HYETT A J,LAUSCH P. An experimental procedure for the in situ testing of cable bolts[J]. International journal of rock mechanics and mining sciences & geomechanics abstracts,1992,29(5):525-533.

[116] STILLBORG B. Professional users handbook for rock bolting[M]. [s. l.]:Atlas Copco,1986.

[117] 王小平,夏雄.岩土类材料率相关性及硬化-软化特性模型研究[J].岩土力学,2011,32(11):3283-3287.

[118] 李慎举,王连国,陆银龙,等.破碎围岩锚注加固浆液扩散规律研究[J].中国矿业大学学报,2011,40(6):874-880.

[119] GOODMAN R E,SHI G. Block theory and its application to rock engineering[M]. Upper Saddle River: Prentice Hall,1985.

[120] 尤明庆,华安增.岩石试样单轴压缩的破坏形式与承载能力的降低[J].岩石力学与工程学报,1998,17(3):292-296.

[121] HEUZE F E. Dilatant effects of rock joints[C]// 4th ISRM Congress. Montreux,1979.

[122]张农.软岩巷道滞后注浆围岩控制研究[D].徐州:中国矿业大学,1999.

[123] 关伶俐,田洪铭,陈卫忠.煤岩力学特性及其工程应用研究[J].岩土力学,2009,30(12):3715-3719.

[124] 秦虎,黄滚,王维忠.不同含水率煤岩受压变形破坏全过程声发射特征试验研究[J].岩石力学与工程学报,2012,31(6):1115-1120.

[125] 苏承东,高保彬,南华,等.不同应力路径下煤样变形破坏过程声发射特征的试验研究[J].岩石力学与工程学报,2009,28(4):757-766.

[126] 杨永杰,王德超,王凯,等.煤岩强度及变形特征的微细观损伤机理[J].北京科技大学学报,2011,33(6):653-657.

[127] 潘结南.煤岩单轴压缩变形破坏机制及与其冲击倾向性的关系[J].煤矿安全,2006,37(8):1-4.

[128] BANDIS S C,LUMSDEN A C,BARTON N R. Fundamentals of rock joint deformation[J]. International journal of rock mechanics and mining sciences & geomechanics abstracts,1983,20(6):249-268.

[129] JAEGER J C,COOK N G,ZIMMERMAN R. Fundamentals of rock mechanics[M]. Hoboken:John Wiley & Sons,2009.

[130] SAVAGE J C,LOCKNER D A,BYERLEE J D. Failure in laboratory fault models in triaxial tests[J]. Journal of geophysical research: solid earth,1996,101(B10):22215-22224.

[131] 冯增朝,赵阳升,文再明.煤岩体孔隙裂隙双重介质逾渗机理研究[J].岩石力学与工程学报,2005,24(2):236-240.

[132] 左宇军,李术才,朱万成,等.深部断续节理岩体中渗流对巷道稳定性影响的数值分析[J].岩土力学,2011,32(增刊2):586-591.

[133] 李术才,王汉鹏,钱七虎,等.深部巷道围岩分区破裂化现象现场监测研究[J].岩石力学与工程学报,2008,27(8):1545-1553.

[134] MALKOWSKI P, NIEDBALSKI Z, MAJCHERCZYK T. Endoscopic method of rock mass quality evaluation-new experiences[C]//The 42nd U. S. Rock Mechanics Symposium (USRMS). San Francisco,2008.

[135] ELLENBERGER J. A roof quality index for stone mines using borescope logging[C]//Proceedings of the 28th International Conference on Ground Control in Mining. Morgantown,2009.

[136] 王勖成,邵敏.有限单元法基本原理和数值方法[M].2版.北京:清华大学出版社,1997.

[137] 刘健,张载松,韩烨,等.考虑黏度时变性的水泥浆液盾构壁后注浆扩散规律及管片压力模型的试验研究[J].岩土力学,2015,36(2):361-368.

[138] 韩洪升,魏兆胜,崔海青,等.石油工程非牛顿流体力学[M].哈尔滨:哈尔滨工业大学出版社,1993.

[139] CHHABRA R P,RICHARDSON J F. Non-Newtonian flow in the process industries[M]. Oxford: Butterworth-Heinemann,1999.

[140] RAHMANI H. Estimation of grout distribution in a fractured rock by numerical modeling[D]. Tehran: University of Tehran,2004.

[141] 周枝华,杜守继.岩石节理表面几何特性的三维统计分析[J].岩土力学,2005,26(8):1227-1232.

[142] HAKAMI E, LARSSON E. Aperture measurements and flow experiments on a single natural fracture[J]. International journal of rock mechanics and mining sciences & geomechanics abstracts,1996,33(4):395-404.

[143] 杨米加,贺永年.蒙特卡洛模拟的随机性及裂隙岩体渗透张量分析[J].岩土工程学报,1999,21(4):492-494.

[144] ABELIN H. Migration in a single fracture: an in situ experiment in a natural fracture[D]. Stockholm:Royal Institute of Technology,1986.

[145] 王强,冯志强,王理想,等.裂隙岩体注浆扩散范围及注浆量数值模拟[J].煤炭学报,2016,41(10):2588-2595.

[146] YANG M J, YUE Z Q, LEE P K, et al. Prediction of grout penetration in fractured rocks by numerical simulation[J]. Canadian geotechnical journal,2002,39(6):1384-1394.

[147] ABBASBANDY S. Improving Newton-Raphson method for nonlinear equations by modified Adomian decomposition method[J]. Applied mathematics and computation,2003,145(2/3):887-893.

[148] YPMA T J. Historical development of the Newton-raphson method[J]. SIAM review,1995,37(4):531-551.

[149] LAWSON C L, HANSON R J, KINCAID D R, et al. Basic linear algebra subprograms for fortran usage[J]. ACM transactions on mathematical software,1979,5(3):308-323.

[150] METCALF M, REID J, COHEN M. Modern fortran explained[M]. Oxford:Oxford University Press,2018.

[151] 罗平平,何山,张玮,等.岩体注浆理论研究现状及展望[J].山东科技大学学报(自然科学版),2005,24(1):46-48.

[152] 刘波,韩彦辉.FLAC 原理、实例与应用指南[M].北京:人民交通出版社,2005.

[153] SINGH G S P, SINGH U K. A numerical modeling approach for assessment of progressive caving of strata and performance of hydraulic powered support in longwall workings[J]. Computers and geotechnics,2009,36(7):1142-1156.

[154] SHABANIMASHCOOL M, LI C C. Numerical modelling of longwall mining and stability analysis of the gates in a coal mine[J]. International journal of rock mechanics and mining sciences,2012,51:24-34.

[155] 刘波,韩彦辉. FLAC 原理实例与应用指南[M]. 北京:人民交通出版社,2006.

[156] SHABANIMASHCOOL M,LI C C. A numerical study of stress changes in barrier Pillars and a border area in a longwall coal mine[J]. International journal of coal geology,2013,106:39-47.

[157] QIU B,LUO Y. Subsurface subsidence prediction model and its potential applications for longwall mining operations[J]. Journal of Xi'an University of Science and Technology,2011,31(6):823-829.

[158] BOARD M,PIERCE M. A review of recent experience in modelling of caving[C]. ESTERHUIZEN G S,MARK C,KLEMETTI T M. Proceedings of the international workshop on numerical modeling for underground mine excavation design. Asheville: National Institute for Occupational Safety and Health,2009.

[159] BROWN E T. Block caving geomechanics[M]. Queensland:Julius Kruttschnitt Mineral Research Centre,2002.

[160] 陆银龙,王连国,杨峰,等. 软弱岩石峰后应变软化力学特性研究[J]. 岩石力学与工程学报,2010,29(3):640-648.

[161] 刘长武,陆士良. 水泥注浆加固对工程岩体的作用与影响[J]. 中国矿业大学学报,2000,29(5):12-16.

[162] 白庆升,屠世浩,袁永,等. 基于采空区压实理论的采动响应反演[J]. 中国矿业大学学报,2013,42(3):355-361.

[163] 贺建清,阳军生,靳明. 循环荷载作用下掺土煤矸石力学性状试验研究[J]. 岩石力学与工程学报,2008,27(1):199-205.

[164] 刘松玉,童立元,邱钰,等. 煤矸石颗粒破碎及其对工程力学特性影响研究[J]. 岩土工程学报,2005,27(5):505-510.

[165] SALAMON M. Mechanism of caving in longwall coal mining[C]. HUSTRULID W,JOHNSON G A. Proceedings of the 31st US Symposium. London:CRC Press,1990.

[166] YAVUZ H. An estimation method for cover pressure re-establishment distance and pressure distribution in the goaf of longwall coal mines[J]. International journal of rock mechanics and mining sciences, 2004, 41(2):193-205.

[167] PAPPAS D M,MARK C. Behavior of simulated longwall gob material[M]. [S. l.]:US Department of the Interior, Bureau of Mines, 1993.

[168] 刘泉声,刘恺德,朱杰兵,等. 高应力下原煤三轴压缩力学特性研究[J]. 岩石力学与工程学报,2014,33(1):24-34.

[169] 刘树新,刘长武,曹磊. 孔隙煤体峰后应变软化及其对工作面冲击地压的影响[J]. 煤炭学报,2010,35(12):1990-1996.

[170] 赵尚毅,郑颖人,时卫民,等. 用有限元强度折减法求边坡稳定安全系数[J]. 岩土工程学报,2002,24(3):343-346.

[171] 乔卫国,乌格梁尼采,彼尔绅. 巷道注浆加固合理滞后时间的确定[J]. 岩石力学与工程学报,2003,22(增刊1):2409-2411.

[172] 宋晓辉. 锚注加固软岩巷道机理分析及合理注浆时间的确定[D]. 青岛:山东科技大学,2006.

[173] 牛双建,靖洪文,杨旭旭,等. 深部巷道破裂围岩强度衰减规律试验研究[J]. 岩石力学与工程学报,2012,31(8):1587-1596.

[174] 佘诗刚,林鹏. 中国岩石工程若干进展与挑战[J]. 岩石力学与工程学报,2014,33(3):433-457.